鳥の体

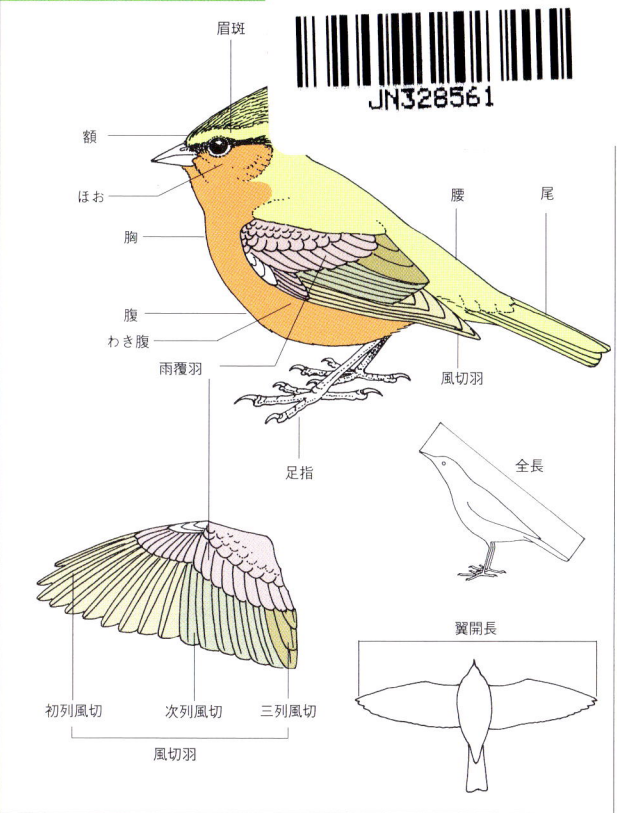

- ●**風切羽(かざきりばね)**：翼を広げると先に位置する**初列風切**(小鳥では9〜10枚)、体に近い**次列風切**(小鳥では6枚)、翼の付け根の**三列風切**(小鳥では3枚)からなり、翼をたたむと初列風切の最も外側から順に内側になり、三列風切の内側が一番上になります。飛行に直接使われるので、軸が長く、しっかりしています(＝尾羽)。
- ●**雨覆羽(あまおおいばね)**：初列風切の基部を初列雨覆、次列風切の基部を大雨覆、その上を中雨覆、小雨覆がおおうように重なります。
- ●**尾**：尾羽(12枚が普通)の基部の上をおおう**上尾筒**(じょうびとう)、下をおおう**下尾筒**(かびとう)を含めて、尾を形成します。
- ●**冠羽(かんう)**：頭の上や後方で目立つ羽毛のこと。形は種によってさまざまです。
- ●**眉斑(びはん)**：目の上にある眉のような模様。
- ●**過眼線(かがんせん)**：くちばしの付け根から目を通って後方に至る模様。

野鳥観察ハンディ図鑑
新・山野の鳥 改訂版 ──────── 目　次

図版と解説の記号など ●みかえしページ（表紙内側）
鳥の体の各部の名称 ●1
はじめに ●3
この本の使い方 ●4
野鳥に親しむ ●5
バードウォッチングの準備 ●6
野鳥の見わけ方 ●8
用　語 ●12

身近な鳥
- スズメ大前後 ●14
- ムクドリ大〜ハト大 ●18
- カラス大以上、分布が限られている鳥、ほか ●20

山林とその周辺の鳥
- スズメ大　シジュウカラ、ホオジロのなかま、ほか ●22
- アトリのなかま ●24
- ヒタキ、ウグイスのなかま、ほか ●26
- 小型ツグミのなかま、ほか ●28
- スズメ大〜ムクドリ大　モズ、レンジャクのなかま、ほか ●30
- ムクドリ大以上　大型ツグミのなかま、ほか ●32
- スズメ大〜カラス大　キツツキのなかま ●34
- ハト大　ハト、カッコウ、カケスのなかま ●36
- ハト大以上　シギ、キジ、サギのなかま ●38

草地の鳥
- スズメ大　ヒバリ、ヨシキリ、ホオジロ、小型ツグミのなかま、ほか ●40
- ムクドリ大以上　キジ、シギ、カラスのなかま ●42

渓流の鳥　スズメ大〜ハト大　カワセミ、セキレイのなかま、ほか ●42
高山の鳥　スズメ大〜ハト大　ムシクイ、ライチョウのなかま ●44
夜の鳥　ムクドリ大〜カラス大　ヨタカ、フクロウのなかま ●44

飛んでいる鳥
- ムクドリ大以下　ツバメ、アマツバメのなかま ●46
- ハト大以上　ハヤブサ、タカのなかま ●48

観察用具など ●52
レンジャーのいる観察施設（サンクチュアリ） ●54
探鳥会にいってみましょう ●55
巣箱をつくってみよう ●56
鳥のくらしを探ってみましょう ●56
索　引（さくいん） ●58
分類表 ●63

〈はじめに〉

 バードウォッチングはいつでも、どこでもできます。また、誰にでも、誰とでも楽しむことができます。ただ眺めるのも、耳を澄ますのも、あるいは想像力をはたらかせるのもバードウォッチングです。

鳥たちの「なぜ？」

 野鳥の多くは春が来るたびに子育てを繰り返しますが、それで増えすぎることはありません。初夏に巣立ったものは一冬を越せば子育てできるようになるのが普通ですが、そこまで生き残るのは一部にすぎないからです。食住の保証はないし、天敵はいるし、悪天候もありえます。それでも確実に生きのびる命があるということは、彼らの姿やくらし方、美しい声やおもしろい行動にも、生存に結びつく何らかの意味があるからでしょう。「どうしてそのような姿をしているのか？」「何をしているのか？」など考えてみると、どんな野鳥でも興味は尽きません。

 例えば、小鳥はどうして小さいのでしょうか？恐竜の時代に生まれた鳥の祖先はハトやカラスほどの大きさだったようです。小鳥が今のサイズになったのは、主食である虫や植物の種子が草木の先に多いので、小さい方が都合がよかったとも考えられます。

鳥たちと自然

 30数億年前に海で生まれた命。その一部が3億年ほど前に陸を目指し、やがて羽毛を持った鳥類が誕生します。彼らは前足を翼に変え、地球上のあらゆる環境に進出し、それぞれの場に適した姿かたちやくらし方になりました。現在1万種ほどが知られていますが、食物や環境に違いがあることによって、無駄な争いが避けられているともいえます。空を飛ぶには、多くのエネルギーを必要とする一方で、体重を重くできないので、よく食べ、よく出す（フンをする）ことが欠かせません。つまり、食物となるさまざま、かつ多くの生物、すみかとなる多様な環境が1万種もの鳥たちを支えているのです。

野鳥も人も地球のなかま

 日本野鳥の会は、自然と人との共存を目指す自然保護団体です。1934年、鳥といえば捕って食べるとか、飼うのが当たり前だった時代に「野の鳥は野に」と説いた中西悟堂によって創設されました。日本野鳥の会の活動には誰でも参加でき、いっしょに野鳥を楽しむことができます。野鳥に親しみ、野鳥のすみかである自然環境を知ることは、今や国際条約や国家戦略でも求められている生物多様性の保全にも役立つでしょう。

〈この本の使い方〉

〈特　徴〉
- 野鳥を見つけたり、見分けたりするには「慣れ」が必要です。本書は、散歩でも遠出でも、常に携帯できるポケットサイズにしました。
- 日本で記録された野鳥は絶滅種を含め633種に及びますが、各地で毎年普通に見られるのは300種前後です。本書ではそのうち山野で見られる約160種を、環境や状況ごとに示し、姉妹編『新・水辺の鳥 改訂版』(以下水)で低地の湿地(水田・ヨシ原・河川・湖沼など)や海で見られる鳥(約150種)と外来種をまとめました。
- はじめに「身近な鳥」をご覧ください(14P)。どこへ行くにも出会う頻度が高く、人家周辺(庭や公園)でも見られるので、さまざまな鳥の名前やくらしを知る上での基本になります。
- 各項目内では、なかま(目や科など)ごとにまとめて、小さい順に並べることを原則としました。
- 名前から調べる場合は、あいうえお順の索引(58P)が便利です。水では、本書と合わせた総合索引が活用できます。
- 野外では距離や角度などによって同じ鳥でも見え方に違いがあります。出会う機会がまれな鳥は省いてあるので、まず本書と水のなかのどれかと考えて調べることをおすすめします。まれな鳥は似た鳥と比べて特徴をチェックしておくとよいのですが、当会発行の『フィールドガイド日本の野鳥 増補改訂新版』では、そのような珍しい種も多数扱っています。

〈図　版〉
- 見られる地域と季節が限られる鳥について、種名の前に記号を記しました。
- 雌雄、夏羽・冬羽、幼鳥・若鳥、亜種などで色彩に大きな違いがあるもの、飛んでいる姿に特徴があるものはそれぞれ図版を載せるようにしました。
- 見分けるポイントを、色彩の特徴を示す矢印 ─→ と、形の特徴を示す矢印 ⋯⋯ で示しました。
- 原則として、図版のページ内では縮尺をそろえ、大きさの基準になる身近な鳥のシルエットなどを加えました。
- 大きさは種名の後に全長:Lをセンチメートルで記し、必要に応じて翼開長:Wを加えました(1P)。

〈解説文〉
- まず、なかまについて、次に種ごとの解説をしました。
- 種名の右に、最も見分けに役立つと思われるポイントを記しました。
- 世界共通の学名(ラテン語の属名と種小名からなる)は、索引にまとめました。
- 鳥の分布や習性などはわかっていないことも多く、また変わることもありますので、見分けるための目安ととらえて下さい。
- 鳴き声は、よく聞かれる声をカタカナで示しましたが、人によって違って聞こえる場合もあります。聞き分けるには、CD(裏表紙内側参照)や鳴き声タッチペン(表紙内側参照)をおすすめします。
- 種名の前につけた□は観察記録をチェックするために使ってください。
- 記号はみかえしページを、用語は12Pをご参照ください。

野鳥に親しむ

1. 楽しみ方さまざま
　バードウォッチングの楽しみ方にルールはありません。「旅のついでに」という人もいれば、さまざまな出会いを求めて日本各地や世界各国に出かけていく人、地域の自然保護のために、地元の鳥に絞って観察する人もいます。一人でよし、家族や知人とでもよし、探鳥会に参加してなかまをつくるのもよいでしょう。

　身近な鳥でもわかっていないことが多いので、自宅近くで数を数えて季節や年による変化を調べたり、声や行動を記録してその意味を調べたりする人もいます。季節ごとの暮らしを観察して鳥の生活カレンダー(56P)を作る人もいます。

　写真、ビデオ、録音を楽しむ人、絵画、俳句、音楽、木彫りなどの創作の素材にする人もいます。

2. 野鳥を見分ける
　名前がわかると、親しみがわくだけでなく、その鳥の暮らしや環境を知る手がかりも得られます。生物のくらし方は種によっておおよそ決まっているからです。

　例えば、シジュウカラなら、たくさんの虫を食べるので、そこには多くの虫がすんでいるということがわかります。ツバメであれば、夏鳥なので秋には南に渡っていくこと(夏鳥の多くは東南アジア)、ツグミなら冬鳥なので、繁殖地(冬鳥の多くはロシア)からやってきたことなどがわかるでしょう。

　また、自分の町にどんな鳥が、いつ、どのくらいいて、どんなくらしをしているのかを知ることは、自分の町の自然を知ることにもなります。いろいろな種の鳥のくらし方がわかると、自然の多様性や豊かさを実感することができるでしょう。

3. どうしたら見分けられるか？
　慣れることが一番。そのためには焦らずに、自分なりに楽しみながらバードウォッチングを続けましょう。簡単に見分けられる鳥がいる一方で、ベテランでもなかなか見分けられないものもいます。すべて覚えようとせずに、わかりやすいと思うもの、自分が気に入ったものなどから見分けられるようにするとよいでしょう。詳しくは8Pをご参照ください。

4. 見分けられなくても
　何という種かがわからなくても、姿かたちや行動から「雄か、雌か」「成鳥か、幼鳥か」が推測できることもあります。春に行動を共にしている2羽を見かけたらペア(つがい)、初夏にかけて数羽が一緒にいれば、親子の可能性が大です。このように関係を想像したり「何を食べているの？何をしているの？どうして？」などと行動を観察するのも楽しいものです。

　鳥の知識と関係なく、ただ野鳥が好きで日本野鳥の会の会員になる人も少なくありません。また、多くの絵画、音楽、文学などに鳥が登場することがありますが、それらの作家がすべて鳥に詳しかったわけではないでしょう。古今東西、名前がわからなくても鳥と親しんできた人たちはたくさんいるのです。

バードウォッチングの準備

1. フィールドマナー「やさしいきもち」

　自然と人との共存を目指す自然保護団体である日本野鳥の会は、自然に親しむ際の心構えとして、野鳥や自然に迷惑をかけないように、下記のようなフィールドマナーを提唱しています。

や…野外活動、無理なく楽しく　自然は、人のためだけにあるのではありません。思わぬ危険がひそんでいるかもしれないのです。知識とゆとりを持って、安全に行動するようにしましょう。

さ…採集は控えて自然はそのままに　自然は野鳥のすみかであり、多くの生物は彼らの食物でもあります。あるがままを見ることで、いままで気づかなかった世界が広がります。むやみに捕ることは慎みましょう(みんなで楽しむ探鳥会では、採集禁止が普通)。

し…静かに、そーっと　野鳥など野生動物は人を恐れるものが多く、大きな音や動作を警戒します。静かにしていれば彼らをおどかさずにすみますし、小さな鳴き声や羽音など自然の音を楽しむこともできます。

い…一本道、道からはずれないで　危険を避けるため、自然を傷つけないため、田畑の所有者などそこにくらす人に迷惑をかけないためにも道をはずれないようにしましょう。

き…気をつけよう、写真、給餌、人への迷惑　撮影が、野生生物や周囲の自然に悪影響を及ぼす場合もあるので、対象の生物や周囲の環境をよく理解した上で影響がないようつとめましょう。餌を与える行為も、カラスやハトのように人の生活とあつれきが生じている生物、生態系に影響を与えている移入種、水質悪化が指摘されている場所などでは控える必要があります。また、写真撮影や給餌、観察が地元の人や周囲の人に誤解やストレスを与える場合もあるので、十分な配慮をしましょう。

も…持って帰ろう、思い出とゴミ　ゴミは家まで持ち帰って処理しましょう。ビニールやプラスチックが鳥たちを死にいたらしめることがあります。またお弁当の食べ残しなどが雑食性の生物を増やすことで、自然のバランスに悪影響を与えます。

ち…近づかないで、野鳥の巣　子育ての季節、親鳥は特に神経質になるものが多く、危険を感じたり、巣のまわりの様子が変化すると、巣を捨ててしまうことがあります。特に、巣の近くでの撮影はひなを死にいたらしめることもあるので、野鳥の習性を熟知していない場合はさけましょう。また、巣立ったばかりのひなは迷子のように見えますが、親鳥がひそんでいることが多いので、間違えて拾ってこないようにしましょう。

2.道具

　特別な準備がなくても、目と耳、考える頭や感じる心で野鳥や自然を楽しむことができます。身近なところでは散歩、遠出をする場合にはハイキングを想定すればよいのですが、双眼鏡や望遠鏡があれば野鳥を遠くから、驚かさずに観察できます(52P〜)。

3.どこへいこうか

①探鳥会

　何事も初めは不安で戸惑うもの。その点、探鳥会に参加すると、初めての参加でもベテランのガイドを受けられます。日本野鳥の会では、各地でどなたでも参加できる探鳥会を実施しています。ぜひ一度参加してみてはいかがでしょうか(55P)。

　探鳥会では「リーダーに積極的に質問すること」「自分に合った場所やリーダーを選び、なかまをつくっていくこと」をおすすめします。

②サンクチュアリ

　日本野鳥の会では、「野鳥を守るにはその生息地域の自然を守り、専門家を配置して保護、調査、普及活動を行うことが必要」と考え、環境保全と環境教育を柱としたサンクチュアリ事業を1981年から始めています。そこにはレンジャーが常駐し、来訪者に自然解説などをしています(54P)。

③近所

　山や林の中はしげみが多く、慣れないうちは野鳥を見つけにくい環境です。気づきさえすれば、どこにでも鳥がくらしているはずですから、まず近所からバードウォッチングを始めてみませんか。身近な鳥を覚えると、それと比較していろいろな野鳥を見分けられるようになります。庭やベランダに来る鳥、ツバメのように市街地に好んで巣をつくる鳥もいます。近くに公園や空き地、雑木林や河原があれば行ってみましょう。何度も通えば季節によって見られる種が変わったり、同じ鳥でも違った場面や季節ごとのくらしが見られることでしょう。

4.いつがよいか(野鳥たちの四季)

①春〜夏

　夏鳥の季節。4〜7月頃までは子育てシーズンでもあります。雄がさえずり、つがいが出来て、子育てや親子が見られます。この間は親鳥が神経質なことが多いので、子育ての邪魔をしないように注意しましょう。8〜9月は羽が抜けかわる時期で、多くの鳥が活動的ではありませんが、干潟は旅鳥のシギたちが南下してにぎわいます(水 32P)。

②秋〜冬

　冬鳥の季節。市街地で種や数がふえるとともに、木の葉が落ちて鳥の姿を見つけやすくなります。寒さや食物不足などで生き残りをかけた季節でもあり、冬鳥の飛来状況は年による違いもあります。3月は春めいてくる一方で、まだ多くの冬鳥が残っています。

③春と秋

　4〜5月は北上の季節。冬鳥や旅鳥が北へ移動し、夏鳥が南の国からやって来ます。9〜10月は南下の季節。夏鳥や旅鳥が南へ移動し、冬鳥が北から飛来し始めます。これらの渡りの時期には、身近なところでも意外な鳥が羽を休めているかも知れません。

野鳥の見わけ方

◆慣れる、比べる
- 基本は、知っている鳥と比較して特徴をつかむこと。例えばスズメより大きいとか、くちばしが太いとか、尾が長いとか、よく動くなど。「身近な鳥」に親しんで、大きさ、体型、動作などを見慣れておくようにしましょう。
- すぐにわからなくても心配はいりません。何度も見聞きしながら、次第にわかるようになるものです。図鑑や写真集を眺めながら、好きな鳥、憧れの鳥をつくるなど、日頃から野鳥と接するように工夫することも有効です。

◆絞り込む
- 種ごとのくらし方がわかってくると、一目、あるいは一声で何の鳥かわかる種が増えてきます。野鳥は「地域」「季節」「環境」によって「そこに、その時期、どんな種がいるか」がおおよそ決まっているのです。
- 「そこにどんな種がいるか」を絞るだけの知識や経験がない場合は、まず「何の鳥のなかまかに絞って、その中からあてはまる種をさがす」、あるいは「特徴のチェックポイントに合わない種を外していく」などして絞り込んでいきます。初めは難しいかもしれませんが、その分かった時のうれしさは倍増します。野鳥の種は植物(日本で1万種以上)や昆虫(約3万種以上)よりは少なく、日本で普通に見られるものは毎年およそ300種前後です。
- その場所、その季節に見られた鳥のリスト(多くても50種程度)があれば絞り込むのに便利です。日本野鳥の会の探鳥会の記録[各地の連携団体(支部)の会報やホームページに掲載]はそのようなリストとして活用できます。
- 鳥を見分けるポイントは以下のようにさまざまですが、すべてがわかる必要はありません。①②で可能性のある種を絞ることができるので、あとは1~2ポイントでも確認できれば見分けられる鳥が多いはずです。

①地域、季節、環境:本書では図版のマークで、限られた地域や季節の鳥がわかります。例えば夏に見た鳥を調べる場合、冬鳥マークの鳥は当てはまらないといったように、早く絞り込めるようになっています。また「北海道では夏に見られ、本州以南では冬に見られる」ような、地域と季節を合わせて判断できる鳥は、解説文に記すようにしました。なお、本書の項目は、おおよその環境や活動時間で以下のようになっています。

身近な鳥(14P~21P):ほぼ全国的に、人の生活環境に近い場所でも見られる鳥(地域が限られた3種と外来種も加えました)。見分けに役立つ環境の違いとしては、以下のような例があります。

・人家付近にしかいない:スズメ、カワラバト(ドバト)
・開けた環境に多い:カワラヒワ、ハクセキレイ、ムクドリ、ハシボソガラス

・秋冬に低いしげみ(やぶ)の中にいる:ウグイス、アオジ

山林とその周辺(22P〜39P):低地から山地まで、林やその周辺で見られる鳥で、山野の鳥全体の半数をここにまとめました。さらに以下のような環境の視点で種を絞り込むことができます。

A．林のどんなところにいるか
・地上で採食する:大型ツグミ類、ヤマシギ、キジ科
・下のしげみにいる:ヤブサメ(春夏の山地)、ウグイス(春夏は山地、秋冬は低地)
・中間の枝にいる:キビタキ(春夏の山地)
・木の幹にとまる:ゴジュウカラ、キバシリ、キツツキ科
・上の方にいる:キクイタダキ、ヒガラ、ムシクイ科(春夏の山地)、サンショウクイ(春夏)、イカル
・こずえでさえずる:オオルリ、ホオジロ、ビンズイ

B．どんな林に多いか
・針葉樹を含む林:ヒガラ、キクイタダキ
・まばらな林や林周辺の草地:ホオジロ、モズ科、キジ
・渓流ぞいなどの斜面のある林:オオルリ

草地(40P〜43P):高い木がないか、少ない草地、高原、農耕地、河原や湖沼周辺などの開けた環境で見られる鳥。以下のような違いが見分けに役立ちます。
・裸地、芝、畑などの丈の低い草地:ハクセキレイ、ヒバリ
・ススキのように丈の高い草地:セッカ、コヨシキリ
・水田やヨシ原のような湿地:㊌16〜19P

渓流(42P〜43P):山地の河原(上流域)で見られる鳥。平地の中流や下流に多い鳥は㊌で扱います。

高山(44P〜45P):モミ、ツガなどの針葉樹が多い亜高山帯から森林限界や頂上にかけて見られる鳥。秋冬に低山などに移動する鳥は「山林やその周辺の鳥」で扱い、ここではリストで示しました。

夜(44P〜45P):昼はしげみや木の洞(ほら)の中などにじっとしていて目立たない鳥。夜に鳴く声でいることがわかります。

飛んでいる(46P〜51P):陸地の上を飛んでいることを見ることが多い鳥で、以下が目安になります。
・開けた環境の上空:ハヤブサ科、トビ
・林の上空:タカ科
・低地の上空:ツバメ科
・山地の上空やツバメより高いところ:アマツバメ科
・水辺や湿地の上を飛んでいる鳥:(㊌46P〜51P)

②大きさ:スズメ、ムクドリ、ハト、カラスを基準にしておおよその体の大きさを比較します。遠くにいる時、飛んでいる時、向きや角度で

も印象が違うので、どんな状況でもこれらの鳥の大きさをイメージできるよう、日頃から見慣れておくようにしましょう。ムクドリが少ない九州以南では、スズメとハトの中間の大きさとして、ヒヨドリを基準にできます。

③ 目立つ色や模様：色や模様のすべてを覚える必要はありません。どこが、どんな色や模様をしているか、印象的な部分に絞って注目します。

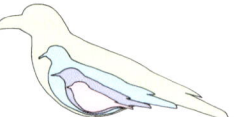

ハトはキジバト、カラスはハシブトガラスを想定しています。

顔の斑 スズメ　　眉斑 ウグイス　　過眼線 モズ　　胸のまだら模様 ツグミ　　胸のしま模様 カッコウ

翼の斑 ジョウビタキ　　翼帯 カワラヒワ　　腰の白 ムクドリ　　尾の脇の白 ホオジロ

④ 体型や姿勢：尾の長さや形、冠羽があるかなどの体型やくちばしの形に特徴がある鳥がいます。とまり方では体を立てる（縦向き）、体を横にする（枝と水平）、木の幹にとまる、枝にぶら下がるなどの点が見分けるポイントになります。

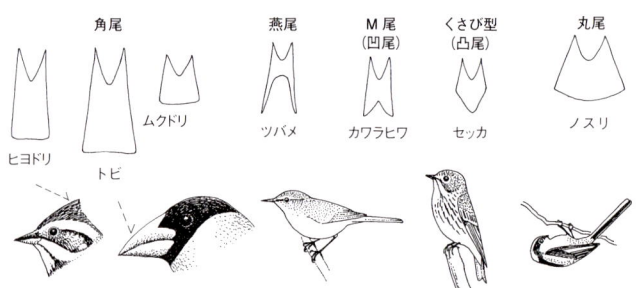

角尾　　　　　　　燕尾　　　M尾（凹尾）　　くさび型（凸尾）　　丸尾

ヒヨドリ　　トビ　　ムクドリ　　ツバメ　　カワラヒワ　　セッカ　　ノスリ

冠羽 カシラダカ　　太いくちばし イカル　　横向き ウグイス　　縦向き エゾビタキ　　ぶらさがり エナガ

⑤ 鳴き声：姿が見えない野鳥、よく似た種がいる場合の最重要ポイント。声の質や鳴き方を知っている声と比べることで、次第に聞き分けられるようになります。質では高い・低い、細い・太い、にごりのあるなし、鳴き方では、リズム（早口かゆっくりか、尻上がりか尻下がりか）や節回し（長いか短いか、前奏やくり返しがあるか）に注意しましょう。

⑥ 歩き方や動作：両足を揃えてピョンピョン跳ねる鳥と、左右の足を交互に出してノコノコ歩く鳥がいます。また、活発に動く、尾を上下に振る、回すように振る、おじぎをするなどの目立つ行動に注意します。

はねる スズメ　　　　歩く ヒバリ

尾を振る ハクセキレイ　　尾を振る モズ　　おじぎをする ジョウビタキ

⑦ 飛んでいる時の模様、形、飛び方：翼、腰、尾に模様が見えないか、翼の先がとがっているか否か、翼が太いか、細長いかなどに注意します。波を描くように上下して飛ぶ（波状飛行）、はばたかずに滑空する、空中の一点にとまるような飛び方（停飛）をするなどもポイントになります。また、カラス類のはばたき（深くゆったり）と比べることで、タカやハヤブサのなかま（浅く早い羽ばたき）がわかるようになります。

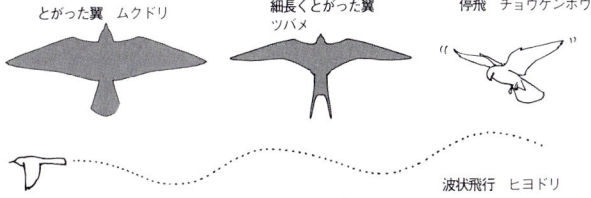

とがった翼 ムクドリ　　細長くとがった翼 ツバメ　　停飛 チョウゲンボウ

波状飛行 ヒヨドリ

⑧ その他：群れることが多い（ムクドリ、カワラヒワ）、1羽でいることが多い（ジョウビタキ、モズ）、警戒心が強い（タカ科）、弱い（シジュウカラ科）などの習性が見分けに役立つこともあります。

　野鳥との出会いは遠くだったり、しげみの中だったり、一瞬のことであったりします。それでも上記①〜⑧のポイントを参考にして気づいた範囲をメモしておけば、探鳥会やサンクチュアリでベテランにたずねることができます。

用 語

1.分類と生物多様性
- **分類**：類縁関係から生物のなかまをわける分類では、鳥類は動物界─脊索(せきさく)動物門に分類され、さらに目─科─属─種とわけられます。2012年発行の日本鳥学会による『日本鳥類目録 改訂第7版』では、近年のDNAを用いた分子系統学的研究の成果も反映され、従来の分類から大きな変更があり(63P)、本書は、それにそって改訂しました。なお、生物多様性とはさまざま種がいることだけでなく、種内や生態系の多様性も含まれ、生物が持つ個性とつながりを意味します。
- **種(しゅ)**：一つの種には共通した形態や習性があり、遺伝的に独立している(種が違うと交雑しないが、同じ種同士では子孫を残すことがきる)と定義されるのが一般的ですが、種内の多様性(遺伝的多様性)で個体差もあり、まれに白化などの色変わりや近縁種間の交雑もあります。
- **亜種**：同じ種でも地域によって大きさや色などに違いがある場合、さらに亜種としてわけられる種もあります。数少ない地域個体群として重要な亜種もありますが、採集した計測値のわずかな違いによって区分された亜種など、野外で見分けるのが難しいものも多く、本書ではわかりやすい亜種に限って紹介しました。

2.鳥の体や模様(1Pのイラスト参照)
- **スズメ大**：体の大きさがほぼスズメと同じという意味(10P)。
- **上面、下面**：だいたい目と翼を結ぶ線を境として、体の上側(頭、背、腰など)と下側(のど、胸、腹、尻など)をそれぞれまとめて呼ぶ場合に使います。
- **まだら模様**：本書では、細かい斑点が多数あるような模様の意味。
- **しま模様**：本書では、まだら模様がつながって縞のように見える場合をいいます。
- **全長**：体を仰向けに寝かせ、くちばしの先から尾の先までを測定した長さ。ただし、野鳥の捕獲は許可なくできません(水54P)。
- **翼開長(よくかいちょう)**：翼を左右に広げた時の長さ。

3.鳥の生活
- **夏鳥(なつどり)**：春〜夏に見られる。春、南の国から日本に渡ってきて繁殖し、秋に去ります。
- **冬鳥(ふゆどり)**：秋〜冬に見られる。北の国で繁殖した後、秋に日本に渡ってきて冬を越し(越冬)、春に去ります。
- **旅鳥(たびどり)**：春と秋の渡りの時期に見られる。春に北上して日本より北の国で繁殖、秋に南下して日本より南の国で越冬。ただし、これらの渡り鳥の呼び方は地域で違うこともあります。例えば、北海道で繁殖し本州以南で冬を越すシメは、北海道では夏鳥、本州以南では冬鳥になり、ツバメは春・秋に通過する南西諸島や小笠原諸島では旅鳥になります。
- **留鳥(りゅうちょう)**：一年中同じ地域で見られ、その地域で繁殖します。ただし、スズメのような留鳥でも、その年生まれの若い鳥は秋

に長距離を移動することもあるようで、一概に移動していないとは言えません。また、比較的短い移動(秋に北から南、山から低地など)をする鳥を**漂鳥(ひょうちょう)**と呼びますが、本書ではどんな移動をするかを解説で記しました。
- **成鳥(せいちょう)**:おとなの鳥。それ以上成長によって羽の色が変わらなくなった鳥。
- **幼鳥(ようちょう)**:こどもの鳥。ひなの羽が生えそろってから、最初に羽が抜けかわるまでの鳥を呼ぶことが多い。小鳥の幼鳥は、夏〜秋に羽が抜けかわると成鳥とよく似た姿になり、翌年の春には繁殖できるようになるのが一般的です。
- **若鳥(わかどり)**:幼鳥から成鳥の羽色になる途中段階の鳥。厳密な定義はなく、サギ、カモメ、タカなどのなかまで、成鳥の羽色になるまでに2〜数年かかる場合に使われることが多い。
- **夏羽(なつばね)**:春〜夏に、秋冬とは異なる羽になる場合の呼び方。**繁殖羽(はんしょくばね)**とも呼ばれ、冬羽より目立つようになります。
- **冬羽(ふゆばね)**:秋〜冬に、春夏とは異なる羽になる場合の呼び方。一般に夏羽より地味になります。
- **繁殖期(はんしょくき)**:子育ての期間。日本のような北半球の温帯にすむ多くの鳥では、春〜夏まで。
- **つがい**:配偶関係にある雌雄(=ペア)。一夫一妻で繁殖する鳥類(一夫多妻や一妻多夫は少ない)も、野生ではつがいや親子の関係は繁殖期だけのものが多いようです(比較的生存率が高いのか、関係性が続く種もいる)。
- **さえずり**:繁殖期に主に雄が出す声。「雌を呼ぶ」「なわばりを宣言する」という意味があります。決まった節回しで、美しい声が多い。(=SONG。解説文中**S**)
- **地鳴き**:さえずり以外の鳴き方。一年中、雌雄とも出し、多くはさえずりより単純な声です。警戒、群れの中のコミュニケーションなどに使われます。(=CALL)
- **聞きなし**:鳥の声を人の言葉に置きかえて表現すること。
- **なわばり**:占有する区域(=テリトリー)。繁殖期に、つがいによって同種のほかの個体から防衛される範囲が、なわばりの代表的なものです。モズやジョウビタキのように、冬に採食のためになわばりを防衛するものもいます。

4.飛び方
- **滑空(かっくう)**:グライダーのように、はばたかずに飛ぶこと。
- **帆翔(はんしょう)**:上昇気流にのって、長い間滑空すること(=ソアリング)。
- **停飛(ていひ)**:はばたきながら、ヘリコプターのように空中の一点にとどまること(=停空飛翔、ホバリング)。
- **波状飛行(はじょうひこう)**:横から見ると波を描くように上下して飛ぶこと。

なお、本書では一部の学術用語や専門用語を、日常語に改めて用いています。

身近な鳥　｜スズメ大前後

●**スズメ目**：鳥類の半数以上の種が含まれる最大のグループで、多くの科にわけられる。小さい鳥(ムクドリ大以下)が多く、一般に小鳥と呼ばれる。リズミカルなさえずりを持つものが多い。主に山野で見られ、一部湿地で見られるものは㊌で扱う。本書ではスズメ目に属する科が多いので、以下、科名の前に目名のないものはスズメ目とする。

●**スズメ科**：円すい型のくちばしで種子を好むが、繁殖期はひなに虫を与える。群れでいることが多い。穴の中に、草の茎などを大量に使った巣をつくる。28P。

|S|C|

□**スズメ**◆人家付近だけで見られる。ほおに黒い斑(幼鳥ではうすい)。歩く時は両足をそろえてはねる。チュン、ピ、ジジなどさまざまな声を出す。ひなはシリッ、シリッとしわがれ声。ヨーロッパで人家付近にいるのはイエスズメ(日本ではまれ。雄はスズメに似るが、ほおの黒斑がなく、額が灰色。雌はニュウナイスズメ雌に似て淡い)で、スズメは郊外にいる。留鳥といわれるが、その年に生まれた鳥は秋に移動すると思われる。

●**シジュウカラ科**：スズメより活発に動く。樹洞(じゅどう)に巣をつくり、林で虫やクモを食べ、秋冬は木の実も食べる。食物を足で押さえることができる(＝カラス科、モズ科)。求愛給餌(きゅうあいきゅうじ)をする。秋冬は違う種とも群れをつくる。22P。

|S|C|

□**シジュウカラ**◆白いほお、胸から腹にネクタイ模様(太い方が雄)。市街地から山地まで。チッチーなどの細い声はシジュウカラ科に共通しているが、ジュクジュクとにごった声は独特。巣材にコケを用いる。**S**：細い声でツーピーやツッピーを繰り返す。幼鳥はシーシーシーとしわがれ声。ひなの巣立ちには3週間ほど要する(スズメは2週間ほど)。

●**アトリ科**：円すい型の太めのくちばしで、木の実・草の種子などを好む。林やその周辺、開けた草地などで見られる。求愛給餌をする。24P。

|S|C|

□**カワラヒワ**◆肌色で太めのくちばし、翼と尾に黄色の斑。九州以北。林、草地、農耕地、河原に普通。市街地でも、空き地でタンポポなどの種子を食べる。樹上に細い草をつづった小さなおわん型の巣をつくる。飛ぶと黄斑が帯になって目立つ。M尾。高い声でキリリリと鳴く。**S**：ビィーンとにごった声も出す。

|C|

□**シメ**◆太いくちばし、短い尾。春夏に北海道の林で繁殖し、秋冬は本州以南の林の周辺に移動。くちばしは秋冬は白っぽく、春夏は黒っぽい。雌は雄より全体的に淡く、次列風切に淡色がある。波状飛行。ピチッ、シーッなどとするどく鳴く。

身近な鳥

スズメ
L14.5 W22.5

求愛:春先、雄はそらした体を上下して、雌に求愛する。縄張り防衛でも同様のポーズを見せる。

交尾:雌が姿勢を低くすると、雄が上に乗る。

幼

イエスズメ
L16

♂ ♀

砂浴び:スズメ目の多くは水浴びをする(ヒバリは砂浴び)が、スズメは水浴びも砂浴びもする。

羽づくろい:鳥はくちばしで羽の手入れをしながら、腰から出る脂を塗る。

頭かき:スズメ目のほとんどの鳥は、下げた翼の間から足を出して頭をかく。この方法は「翼ごし頭かき」と呼ばれる。

求愛給餌(きゅうあいきゅうじ):ペアの雄が雌に食物をプレゼントする(=シジュウカラ科、アトリ科、モズ科、カワセミ科)。

シジュウカラ
L14

♂ ♀

幼

カワラヒワ
L15〜16

♀

♂

幼

シメ
L18

夏

冬

15

●**メジロ科**:虫や果実を食べ、花の蜜も好む。小さなおわん型の巣を、二股の枝につり下げるように作る。

□**メジロ**◆**スズメより小さく、尾が短い。目のまわりが白い。**
常緑広葉樹林を好み、北海道や山地では秋冬に暖地や低地に移動。チィーとシジュウカラ科より甘い感じの声。**S**：早口で長く複雑。

●**ウグイス科**:26P

□**ウグイス**◆**低いやぶの中で、ジャッ、ジャッと鳴く(地鳴き)。**
林の低いやぶで繁殖し、秋冬は根雪のない地域のやぶにすむ。**S**：ホーホケキョのほか、ケキョケキョを繰り返すこともある。

●**ツバメ科**:46P。飛んでいる虫を飛びながらとる。水を飲むのも、浴びるのも飛びながら。(イワツバメやコシアカツバメが身近にいる地域もある。)

□**ツバメ**◆**燕尾。のどは赤茶で、胸から腹は白い**(×アマツバメ科)
主に九州以北に飛来(北海道では少数)。建造物に泥を材料にしたおわん型の巣をつくる。雄の尾は雌より細長い。チュピッなどと鳴く。**S**：チュチュビチュチュビジクジクビーと最後がにごる。

●**ホオジロ科**:円すい型のくちばしで草の種子を食べるが、ひなには虫も与える。秋冬は群れることが多い。尾の両側が白く、飛ぶと目立つ(×クロジ)。林では22P、草地では40P、ヨシ原では㊌18Pを参照。

□**アオジ**◆**胸から腹が黄色にまだら模様。**
北海道の林や本州の山地で繁殖し、秋冬は積雪のない低地のやぶに移動。チッとするどい声。**S**：ホオジロに似た細い声で、ゆるやかなテンポ。

□**ホオジロ**◆**腹が茶色、チチッまたはチチチッと短く続けて鳴く。**
屋久島以北。林の周辺、農耕地、河川敷などのやや開けた環境にすむ(北海道では主に夏鳥で、少ない)。よく草地で採食する。スズメより長めの尾で、顔に黒白の模様(雌は黒い部分が褐色)。**S**：木のこずえなどの目立つところで、細い声で早口にチョッピーチリーチョチーツクなど。

●**ヒタキ科**:以下はかつてツグミ科とされ、スズメ大なので小型ツグミ類(28P)とも呼ばれる。

□**ジョウビタキ**◆**翼に白い斑、雄は胸から腹が橙(だいだい)色。**
根雪のない地域に飛来。林の周辺、河川敷、市街地の空き地など、やや開けた環境を好み、1羽でいる。時々ピョコンとおじぎをして尾をふるわせる。澄んだ声でヒッ、ヒッ、時にカッカッと鳴く。本州中〜西部で繁殖するものもいる。

●**モズ科**:30P。

□**モズ**◆**黒い過眼線(雌は褐色)、長めの尾を回すように振る。**
林の周辺、農耕地、河川敷などのやや開けた環境で繁殖。北海道や山地では、秋冬に暖地や低地に移動。キチキチと続けたり、ジュン、ジュンなどと鳴き、秋にはキーィキーィと甲高く鳴く。

●**セキレイ科**:42P。㊌16P。

□**ハクセキレイ**◆**長い尾をふりながら歩く。白いほお、澄んだ声。**
広い河川、農耕地、市街地の空き地など開けた環境にいる。春夏は北日本に、秋冬は積雪のない地域に多い。チュチュン、チュチュンと鳴く(×セグロセキレイ)。雄も冬羽の上面は淡い。西日本には過眼線がない亜種もいる。

●**キツツキ目キツツキ科**:34P。

□**コゲラ**◆**スズメ大で、ギーと戸がきしむような声**(34P)。

身近な鳥　｜ムクドリ大〜ハト大

●**ムクドリ科**:やや細長いくちばしで、虫や木の実を食べる。短い尾、飛ぶととがって見える翼。足を交互に出して歩く。樹洞や建造物の穴に巣をつくる。東南アジア産のキュウカンチョウもこの科。30P。

[C]
□**ムクドリ**◆黄色っぽい足とくちばし、短い尾。
九州以北の農耕地、芝生など開けた環境に群れる(北海道では主に夏鳥)。飛ぶと腰の白が目立つ。キュルキュル、ジェー、ツィッなどとさまざまな声を出す。繁殖後は集団ねぐら(近年は市街地でも)に集まるようになるが、繁殖前に分散する(=セキレイ類)。

●**ヒヨドリ科**:やや細長いくちばしで、虫や木の実を食べ、花の蜜も好む。ムクドリより長い尾、短い翼で波状飛行。よく群れ、よく鳴く。アジア南部には多くの種が分布する。30P。

[C₁ C₂]
□**ヒヨドリ**◆ピーヨまたはキーヨと甲高く、のばす声。
市街地から山地の林。秋に南西方向に移動する群れが見られる。目の下後方は茶色。興奮すると頭の羽毛を逆立てる。ピーヨロイロピなどと鳴くこともある。南の島の亜種は色が濃い。朝鮮半島など日本周辺にしかいない。

●**ヒタキ科**:以下はスズメより大きく、大型ツグミ類とも呼ばれる。32P。

[C]
□**ツグミ**◆ムクドリよりスマートで、眉斑、胸にまだら模様。
秋に林に飛来するが、冬には芝生、農耕地、河川敷などの開けた地上でも見る。ムクドリより小走りに移動しては立ち止まる。茶色味が濃いものと薄いものがいる。腹が橙色をした亜種(ハチジョウツグミ)もいる。クィクィまたはキュッキューと二声で鳴くことが多い。

[S C]
□**アカハラ**◆胸からわき腹が赤茶色。
本州以北のやや高い山地や東北、北海道の林で繁殖し、秋冬は積雪のない地域の林にすむ。シーまたはツィー、キョキョキョッなどと鳴く。**S**:キャランキャランチリリと震えるような声。繁殖地は日本周辺のみ。

[S C]
□**シロハラ**◆ツグミやアカハラに似て、腹が白っぽい。
西日本に比較的多く飛来。やぶのある暗い林の地上で、採食していることが多い。飛ぶと尾の先の白が目立つ。アカハラに似た声。

□**イソヒヨドリ**(水16P)海岸のほか、近年は内陸や都市部でも見られるようになった。

●**ハト目ハト科**:36P。

[S]
□**キジバト**◆翼や背に茶色のうろこ模様、首にしま模様。
市街地から山地まで(北海道では夏鳥)。尾の先は白い。ほぼ一年中繁殖しており、雌雄2羽で居ることが多い。3羽では親子の可能性がある。幼鳥は首のしま模様が薄い。**S**:デッデ、ポッポーと低い声で繰り返し鳴く。

□**カワラバト(ドバト)**◆灰色のものが普通だが、さまざまな色や模様がある。
外来種。一般にドバトと呼ばれ、飼われていたハトが野生化したもの。市街地に多く、キジバトより群れになる性質が強い。建造物に巣をつくる。

●**キジ目キジ科**:38P。

[S]
□**コジュケイ**◆チョットコイという大声を繰り返す(**S**)。
外来種。本州から九州の根雪のない地域の林の地上にすむ。大正時代に中国南部から移入された。キョッ、キョッと繰り返したり、ピョーという大声も出す。

身近な鳥 | カラス大以上、分布が限られている鳥、ほか

●**カラス科**：がっしりしたくちばしで、雑食性。深くはばたき、ふわふわした感じの飛び方。黒いなかま(42P)と黒くないなかま(36P、44P)とがいる。採食に足を使い、食物を貯蔵をする習性があり、学習能力が高い。

□**ハシボソガラス**◆ガー、ガーとにごった声で鳴く。
九州以北。農耕地や河川敷のような開けた環境を好む。ハシブトガラスよりくちばしが細い。幼鳥は口の中が赤い（＝ハシブトガラス）。

□**ハシブトガラス**◆カー、カーと澄んだ声で鳴くことが多い。
アジアの森林に分布するカラスで山や林にいるが、日本では都市部にも多い。ハシボソガラスよりやや大きく、額が出っぱって見える。八重山諸島の亜種は小さい。ワタリガラスは大きいが、北日本でまれな冬鳥。

●**タカ目タカ科**：肉食で、かぎ形のくちばしとするどい爪を持つ。浅いはばたきと滑空を繰り返し、帆翔もする。雌が雄より大きい。見分けるのは難しいなかまだが、トビをよく見ておくと、比較して見分けるのに役立つ。

□**トビ**◆カラスより大きく、長めの角尾（×他のタカ科）。
屋久島以北。水辺から山地まで、もっとも普通に見られるタカ。生きた動物を襲うことは少なく、魚や死んだ動物などを食べ、ゴミ捨て場にも集まる。群れる、角尾（M尾に見えるものもいる）、比較的ゆっくりはばたく、色が濃い、他の鳥があまり恐れないなどがほかのタカとの識別に役立つ。ピーヒョロロと鳴く。

●**カラス科**：上記参照。

□**オナガ**◆青味がかった翼に長い尾。
本州中部と北部の山林や人家付近で留鳥。群れで見られる。繁殖期も、数つがいが比較的近くに集まって巣をつくる。ゲーィとかゲーィキュキュキュと鳴き、春にはキュリリリ…などと甘い声も出す。幼鳥は尾が短く、頭に白い羽が混じる。アジア東部とイベリア半島に分布する。

□**カササギ**◆九州北部の農耕地周辺で留鳥。
近年、北陸や北海道などでも見られる地域がある。カシャカシャと鳴く。枝を集めて、球形の大きな巣をつくる。ユーラシア大陸に広く分布し、日本には16世紀に朝鮮半島から移入されたという説がある。

●**ハト目ハト科**：36P。

□**シラコバト**◆埼玉県東部やその近辺の畜舎がある地域で留鳥。
キジバトより高い声でポッポロローと鳴く。習性はキジバトに似る。㊣

●**外来種**：水52P。
インコ類（緑色のホンセイインコが多い）、ガビチョウ（チメドリ科、ムクドリ大でクロツグミに似た長いさえずりをする）、ソウシチョウ（チメドリ科、スズメ大で赤いくちばし）、ハッカチョウ（ムクドリ科、ムクドリより大きく翼に白斑）、ベニスズメ（カエデチョウ科、スズメより小さく赤いくちばし）などの飼い鳥が野生化して見られることがある（これらはかご抜け鳥とも呼ばれるが、本来は外国産の野鳥なので野生化は好ましいことではない）。

山林とその周辺の鳥 | スズメ大
シジュウカラ、ホオジロのなかま、ほか

- **●シジュウカラ科**：14P。
- **□ヒガラ◆シジュウカラより小さく、ネクタイ模様がない。**
屋久島以北。山地の針葉樹がある林の上部を好み、秋冬は低地でも見られる。尾は短い。チィーとシジュウカラより甘い声を出す。**S**：シジュウカラより高い声で、ツピまたはツツピを早口で繰り返す。
- **□コガラ◆頭に黒いベレー帽のような模様。**
九州以北の山地の林。ツツ、ジャージャーと鼻にかかったような声。**S**：澄んだ声でヒチーなどを繰り返す。
- **□ハシブトガラ◆コガラによく似ているが、声がやや違う。**
北海道の林。コガラより低地に多い。チチ、ジェージェーとコガラより強い声を出す。**S**：澄んだ声でピヨピヨピヨなどと繰り返す。
- **□ヤマガラ◆胸から腹が赤味のある茶色。**
よく茂った広葉樹林を好む。シジュウカラより尾が短い。スィー、スィーとシジュウカラよりかすれた声やビービーと鼻にかかった声を出す。**S**：シジュウカラより低い声で、ゆっくりしたテンポ。伊豆諸島や南西諸島には色が濃い亜種もいる。
- **●エナガ科**：習性はシジュウカラ科に似るが、コケを使った球形の巣を枝上に作る。よくシジュウカラ科と群れ、樹木が多い公園でも見られることがある。
- **□エナガ◆白っぽい小さな体に長い尾。**
九州以北の低山の林。チーという細い声はシジュウカラ科に似るが、ツリュリュという声は独特。北海道の亜種（シマエナガ）は顔に模様がない。
- **●ゴジュウカラ科**：木の幹を上下して虫をとる。
- **□ゴジュウカラ◆短い尾、下向きの独特のとまり方をする。**
九州以北の山地の林。北海道の亜種は低地でも見られ、腹が白い。フィーとかツィッなどと鳴く。**S**：大きな声でフィフィフィと続ける。
- **●キバシリ科**：キツツキ科のように、体を尾で支えて幹にとまる。
- **□キバシリ◆キツツキ科より、細いくちばし。**
九州以北の山地の針葉樹のある林。ツイーと鳴く。**S**：キクイタダキに似た、次第に早口になる声。
- **●ホオジロ科**：16P。
- **□ノジコ◆アオジに似るが、胸のまだら模様が少ない。**
本州中部・北部の山地のカラマツ林などに飛来するが、局地的で少ない。目のまわりが白い。雌は雄よりやや地味。チッと鳴く。**S**：ホオジロ（16P）に似る。日本のみで繁殖する。
- **□カシラダカ◆ホオジロより短い尾、腹が白く胸にまだら模様。**
林にも飛来するが、開けた環境を好み、河原、農耕地で群れる。時々冠羽が立って見えるのが名前の由来。雌は雄冬羽に似ている。チッと鳴く。
- **□ミヤマホオジロ◆ホオジロに似た長めの尾、冠羽。**
林に飛来。西日本に多い。チッ、チッと小声で鳴く。
- **□クロジ◆尾の両側が白くない（×他のホオジロ科）。**
北海道、本州の高山で繁殖し、秋冬は根雪のない地域の暗い林内のやぶに移動。チッと鳴く。**S**：ホーイチヨチヨ。日本近辺のみで繁殖。

山林とその周辺の鳥 | スズメ大 アトリのなかま

●**アトリ科**：14P。

C □**マヒワ**◆**スズメより小さく、顔や胸が黄色（雌はうすい）。**
林に群れで飛来するが、高山や北海道では少数が繁殖。M尾。ビュイーン、チュウィーンなどと鳴き交わす。

C □**ベニヒワ**◆**マヒワに似て、額や胸が赤い（雄）。**
北日本の林や草地に群れで飛来するが、多い年や少ない年がある。雌や若い雄の胸は赤くない。ジュンとかジュイーンとにごった声。

C □**アトリ**◆**橙色の肩や胸。**
林や農耕地、実がついた街路樹などに群れで飛来。比較的西日本に多い。雌は雄冬羽に似ている。M尾。飛ぶと腰の白が目立つ。飛びながらキョッ、キョッと鳴く。ジューイとにごった声も出す。

S C □**ベニマシコ**◆**長めの尾、翼に白い帯。**
北海道で繁殖し、秋冬は本州以南に移動。林や周辺のやぶを好む。尾の両側が白い。雄の赤味は夏の方が強い。澄んだ声でピッまたはフィッとかピッポー、ピッポッポーと鳴く。**S**：ホオジロのさえずりを詰まらせたような早口。

C □**オオマシコ**◆**ベニマシコより太め、尾の両側が白くない（×ベニマシコ）。**
主に北日本の山地の林に飛来するが少ない。ツィーとかフイーと鳴く。

C □**ハギマシコ**◆**開けた地上に群れ、一見黒っぽく見える。**
主に北日本に飛来するが、少ない。海岸、崖、草地など開けた地上に群れるが、木にとまって休むこともある。腹の薄紅色は美しいが、見る条件によっては黒い鳥に見える。雌は雄より地味。M尾。ジュン、ジュンとかキョッキョッと鳴く。

S C □**イスカ**◆**先が食い違ったくちばし。**
針葉樹のある林に群れで飛来するが、多い年や少ない年がある。少数は高山や北海道で繁殖。M尾。キョッキョッと鳴く。ギンザンマシコは似るが、くちばしの先は食い違っていない（北海道の高山で繁殖し、冬に低地で見られることがある）。

C □**ウソ**◆**口笛のような声（ヒヨドリより低く、やわらかい）。**
本州以北の高い山で繁殖し、秋冬は低地や四国、九州の林でも見られる。飛ぶと腰が白い。ヒ、フーなどと鳴く。冬には、雄の腹まで赤い亜種が見られることもある。

□**コイカル**◆**イカルに似るが、頭と翼の模様が違う。**
主に西日本の林に飛来するが少ない。近年、西日本での繁殖例もある。

S C □**イカル**◆**大きな黄色いくちばし。**
九州以北の林。小群で見ることが多い。飛ぶと翼の白斑が帯になって見える。キョッ、キョッと鳴く。**S**：キコキコキーなどとほがらかな澄んだ声。

山林とその周辺の鳥 | スズメ大
ヒタキ、ウグイスのなかま、ほか

●**カササギヒタキ科**：ヒタキ科に似た習性で、尾が長い。

□**サンコウチョウ**◆くちばしや目のまわりが青い。
本州以南の暗い林に飛来。ギッギッと鳴く。**S**：ピヨロピ、ホイホイホイ。名前は、前奏のピヨロピを「月日星(ツキヒホシ)」と聞いて、三つの光の鳥という意味。

●**ヒタキ科**：以下は小型ツグミ類(28P)より足が短く、地上に降りることはほとんどない。枝から飛び立ち、飛んでいる虫を捕らえて戻る。秋は木の実も食べる。くちばしは横からは細く見えるが平たい。

□**キビタキ**◆黄色い胸と腰(雄)。
山地の林に飛来。ヒッ、ヒッ、時にクリリッと鳴く。**S**：明るい声でピヨピ、ピッピキピピッピキピなどと、短い前奏の後に早口で繰り返す。雄の眉斑が白いマミジロキビタキはまれで、ムギマキは少ない旅鳥。

□**オオルリ**◆白い腹に黒い胸(雄)。
九州以北の山地の沢ぞいの林に飛来。雄は高い木のこずえなどの目立つところでさえずる。雌は褐色でキビタキ雌に似るが、少し大きい。**S**：ピールーリーリージジッなどと、ゆるやかに次第に下がる声。

□**コサメビタキ**◆スズメより小さく、上面が灰色。
九州以北の低山の明るい林に飛来。目のまわりが白い。雌雄同色。幼鳥は背に白いまだら模様(ヒタキ科の幼鳥に多い)。よく似たサメビタキは本州と北海道の高い山に飛来し、コサメビタキより胸が暗色。

□**エゾビタキ**◆白い胸にまだら模様。
主に秋に、林の周辺や公園などに飛来。

●**ウグイス科**：しげみのなかにいることが多く、声で気づき、識別するのがよい。(＝ムシクイ科、センニュウ科、ヨシキリ科)

□**ヤブサメ**◆虫のような声でシシシ…と次第に高く強くなるさえずり。
九州以北の低山に飛来。斜面のある林の低いやぶを好む。

●**キクイタダキ科**：針葉樹の上部にいることが多い。

□**キクイタダキ**◆日本最小の鳥で、目のまわりが白く、翼に白い帯。
本州以北の高い山で繁殖し、秋冬は低地や暖地の林でも見られる。針葉樹の上部を好むので、頭上の黄色を見るには苦労する。ジーと細くにごった声。**S**：細い声でツピチッツピチと次第に早く高く続けて、チリリーリーと下がる。

●**ムシクイ科**：イイジマムシクイ以外は、渡りの時期に市街地も通過する。44P。

□**エゾムシクイ**◆細い声でヒーツーキー、ヒーツーキー(**S**)。
四国以北のやや高い山に飛来。比較的強い声で、ピッと鳴く。

□**イイジマムシクイ**◆伊豆諸島やトカラ列島の林に飛来。
林の上部を好む。**S**：チョリチョリチョリなど。日本のみで繁殖。天

□**センダイムシクイ**◆チヨチヨビィー、と最後がにごる(**S**)。
九州以北の低山の林に飛来するが、九州では少ない。林の上部を好む。頭上部に淡い線。フィ、フィと弱い声(×エゾムシクイ、メボソムシクイ)。

●**センニュウ科**：草地では40P、水辺では水18P。

□**エゾセンニュウ**◆チョチョ、チョッピンカケタカと大声(**S**)。
北海道の低地の低木林に飛来。さえずりは夕方や夜中に盛ん。常にやぶのなかにいる。

山林とその周辺の鳥 | スズメ大 小型ツグミのなかま、ほか

- **●ヒタキ科**：ジョウビタキや以下4種はかつてツグミ科とされ、小型ツグミ類とも呼ばれる。キビタキなどより足が長く、地上での採食が多い。草地にいる種は40P、ムクドリ大以上で大型ツグミ類とも呼ばれる種は32P。

[S] □**コマドリ**◆**ヒンカララ…と馬のいななきのようなさえずり。**
九州以北の山地に飛来。谷ぞいの暗い林の下部を好む。日本近辺のみで繁殖。伊豆諸島や大隅諸島の亜種も見られる。

[S] □**アカヒゲ**◆**南西諸島や男女群島で留鳥。**
暗い林の下部を好む。**S**：コマドリに似るが、のんびりしたテンポでヒーヒララ…など。日本特産種。天 種

[S] □**コルリ**◆**コマドリに似たさえずりだが前奏がある。**
本州以北の山地に飛来。暗い林の下部を好む。**S**：小声でチッ、チッと続けて、チンチチュルルとかチュルチチュルチなど。

[S][C] □**ルリビタキ**◆**わき腹が黄色っぽい。**
四国以北の高山の林で繁殖し、秋冬は暖地や低地でも見られる。暗い林の下部を好む。ジョウビタキに似た声でヒッ、ヒッ、時にグッグッと鳴く。若い雄は雌に似る（雌と若い雄が識別できない場合、雌型と呼ぶことがある）。
S：口笛のような音質、早口でヒリョヒリョヒュルルと尻下がり。

- **●ミソサザイ科**：尾を上に立て活発に動く。コケを使って木の根元などに巣をつくる。

[S][C] □**ミソサザイ**◆**小さな体に似合わない大きな美声で、長くさえずる。**
屋久島以北の山地の谷川ぞいの林で繁殖（伊豆諸島の亜種は低地でも）。地上近くを好み、倒木の下にもぐって虫を食べる。冬は低地のやぶでも見られる。ウグイスより乾いた感じのツェッ、ツェッという声。
S：チョツツイツイツイツーペチルルなど、ヒバリやビンズイに似た早口。

- **●スズメ科**：14P。

[S][C] □**ニュウナイスズメ**◆**スズメに似るが、ほおの黒い斑がない（雄）。**
本州中部以北の明るい林で繁殖し、秋冬は根雪のない低地に移動。農耕地に群れる。声はスズメに似るが、澄んだチーという声も出す。

- **●イワヒバリ科**：地上近くにすむ。日本で見られる2種以外はヒマラヤから中国の山岳地帯に分布。44P。

[S][C] □**カヤクグリ**◆**チリリッと鈴を振るような声を出す。**
四国以北の高山で繁殖し、秋冬は低山のやぶで見られる。**S**：ミソサザイに似た早口。日本特産種。

- **●セキレイ科**：42P。以下の他は水辺にすむものが多い。

[S][C] □**ビンズイ**◆**足を交互に出して歩き、尾を上下に振る。**
四国以北の高山や山地の明るい林で繁殖し、秋冬は根雪のない低地の松林などに移動。地上で採食し、驚くと木の枝に飛び去る。飛びながらヅィーとややにごったかすれ声で鳴く。**S**：ヒバリに似て、チチロツィツィツイチョペチピーなどと長く複雑な早口。木のこずえなどの目立つところでさえずり、ヒバリのように空中でさえずることもある。

山林とその周辺の鳥 | スズメ大～ムクドリ大 モズ、レンジャクのなかま、ほか

- **●ヒヨドリ科**：18P。東南アジアには多くのなかまが分布する。
- □**シロガシラ**◆日本では沖縄島南部、八重山諸島で留鳥。
林の周辺や緑地でフィートかピューウなどと鳴く。
- **●サンショウクイ科**：林の上部にすみ、上空を鳴きながら飛ぶ。
- □**サンショウクイ**◆ヒリヒリン、ヒリヒリンと鳴く。
本州以南の林に飛来。雌は黒味が薄い。とまる時は体を立てる（体型が似たセキレイ類は横向き）。南西諸島で留鳥だった黒味が強い亜種（リュウキュウサンショウクイ）が、近年、本州中部まで見られるようになってきた。
- **●モズ科**：スズメより大きく、長い尾をゆっくり回すように振る。目立つところによくとまり、1羽でいることが多い。肉食で、タカに似て上くちばしの先が曲がっている。春に他の鳥の声をまねることがある（＝ゴケス）。16P。
- □**チゴモズ**◆モズに似るが、頭が淡い灰色。
本州の明るい林に飛来するが、少なく、近年は減少が著しい。雌は脇腹に淡いしま模様がある。ギチギチ…と低いにごった声で鳴く。
- □**アカモズ**◆モズに似るが、上面の赤味が強く、胸から腹は白い。
九州以北の林の周辺に飛来。モズより開けた環境を好む。近年は減少。ギチギチ…などとモズよりやや低い声で鳴く。上面の赤味がとぼしい亜種（シマアカモズ）が、西日本などで秋・冬に見られることもある。種
- □**オオモズ**◆モズより大きく、白っぽい。
北日本の林の周辺、原野、農耕地に飛来するが、少ない。オオカラモズはより大きく（L28）、より少ない。
- **●レンジャク科**：太めの体に短い尾。ムクドリに似て飛ぶと翼の先がとがっている。林や街路樹などの木の実を食べに群れるが、年によって飛来数に差がある。
- □**キレンジャク**◆尾の先が黄色。
北日本に多く飛来し、時に大群になる。ヒレンジャクが混じることもある。ヤドリギの実を食べるとねばったフンをしてその種子を運ぶ。チリチリチリなどと鈴をふるような細い声で鳴く。
- □**ヒレンジャク**◆尾の先が赤い。
キレンジャクに比べると西日本に多い傾向があるが、習性や声は似る。キレンジャクは北半球に広く分布するが、本種はアジアの一部に限られる（越冬地は日本近辺のみ）。
- **●ムクドリ科**：18P。
- □**コムクドリ**◆ムクドリに似た体型で、一回り小さい。
本州中部以北の山地（東北、北海道では低地にも）の明るい林に飛来。春、秋には以南の地域も通過し、ムクドリの群れにも混じることもある。ギュル、キュッ、ジェーなどとムクドリに似た声や、ギュルギュルピップなどとムクドリより高い声を出す。繁殖地は日本近辺のみ。
- **●ヤイロチョウ科**：アジア、アフリカの熱帯などに多くの種が分布する。
- □**ヤイロチョウ**◆澄んだ声でホホヒー、ホホヒーと二声ずつさえずる。
九州から本州の山地の暗い林に飛来するが、少ない。地上で採食する。さえずる時は樹上にいることが多い。**S**：ホホヒーのヒーにアクセントがある。種

山林とその周辺の鳥　ムクドリ大以上 大型ツグミのなかま、ほか

●**ヒタキ科**：以下は18Pの3種とともに、スズメ大の小型ツグミ類（28P）に対して大型ツグミ類とも呼ばれ、次の共通点がある。胸をはった姿勢で、翼をやや下げてとまる。地上で落葉をくちばしでひっくりかえしながら虫やミミズを食べていることが多い。秋冬は木の実も食べる。驚くとキョキョキョッとけたたましく鳴き、シーッとかチーッと聞こえる細くするどい声を出すのが多い。

□**マミチャジナイ◆アカハラに似るが、眉斑が目立つ。**
主に春と秋（8～10月）に林に飛来。雌の頭には灰色味がない。初秋は木の高いところで実を食べていることが多く、姿は見つけにくい。

[S] □**クロツグミ◆白い腹にまだら模様（雌ではわき腹に茶色味）。**
九州以北の山地の林に飛来。**S**：林の上部で、明るくほがらかな大声でキョロッキョロッなどの2、3回の短い前奏に続いて、キヨコキヨコなどと複雑に繰り返す。

[S] □**マミジロ◆キョロインチーと短いさえずり。**
本州中部以北の山地の暗い林に飛来。飛ぶと翼の裏に白い帯が見える。（＝トラツグミ）

[S] □**アカコッコ◆伊豆諸島やトカラ列島の林で留鳥。**
林や農耕地で見られ、あまり人を恐れない。三宅島では全島で見られるが、ネズミ対策で放したイタチによってかつてより減少した。また、冬には減少するが、どのような移動をしているかは不明。日本特産種。(天)(種)

[S] □**トラツグミ◆夜に笛の音のような声でヒー、ヒョーと鳴く（S）。**
山地の林で繁殖。根雪のない地域で越冬。飛ぶと翼の裏に白い斑。奄美大島の亜種（オオトラツグミ(天)(種)）は、アカハラのような美声で早朝にさえずる。

●**サイチョウ目ヤツガシラ科**：地上で虫やミミズを食べる。ふわふわした感じで飛ぶ。

□**ヤツガシラ◆飛ぶと、太い翼に白黒のしま模様が目立つ。**
春と秋に草地の地上にいることがあるが、少ない。時に冠羽を立てる。ツツドリに似た声でポポポと鳴く。

●**ブッポウソウ目カワセミ科**：くちばしが大きく、足は短い。42P。

[S] □**アカショウビン◆ヒヒョロロ…と次第に下がり消え入るような美声（S）。**
渓流のある暗い林に飛来するが、姿を見ることは少ない。トカラ列島以南に飛来する亜種は村落付近でも見られる。サワガニ、カエル、トカゲなどの小動物や虫を捕る。

●**ブッポウソウ目ブッポウソウ科**：ツバメのような体型で飛ぶと翼が長く、横に広いくちばしで、飛びながら飛んでいる虫を捕る。はばたきはカラスのように深く、回転飛行がたくみ。

[C] □**ブッポウソウ◆飛ぶと翼の白い斑が目立つ。**
九州から本州の山地の林に飛来。スギやヒノキの大木があるところを好む。逆光では体は黒っぽく見える。ゲッゲッなどとにごった声で鳴く。樹洞で繁殖するが、保護対策として巣箱を設置している地域もある。

郵便はがき

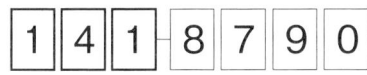

料金受取人払郵便

大崎局承認

7806

差出有効期間
2026年7月31日
まで

103

品川区西五反田3-9-23
丸和ビル

日本野鳥の会
普及室「新・山野の鳥 改訂版」係

ご希望の方は□にチェックしてください。
□「アウトドアグローブ」プレゼント
アンケートにご協力いただいた方の中から、毎月抽選で5名様に、手にはめたまま図鑑がめくれる「アウトドアグローブ」をプレゼント。

希望サイズ
S ・ M ・ L

※発表は発送をもってかえさせていただきます。
※色はお任せください。
※締切2026年3月末日到着分まで。

□「ツバメのねぐらマップ」希望
全国各地の観察ポイントや観察方法をまとめた冊子を無料で差し上げます。裏面に名前、住所、電話番号をご記入ください。なくなり次第終了とさせていただきます。ご了承ください。

アンケートはこの
ハガキかwebで
アンケートページへ
アクセス

∽ ハンディ図鑑「新・山野の鳥 改訂版」お客様アンケート ∽

●この図鑑をどのようにしてお知りになりましたか?
1:書店店頭で　　　　　　　　　　　2:日本野鳥の会月刊誌「野鳥」の記事で
3:日本野鳥の会の広告、カタログなどで　4:日本野鳥の会ホームページで
5:人が持っていたので　　　　　　　　6:その他(　　　　　　　　　　　　)

●この図鑑をどこでお求めになりましたか?
1:書店店頭　　　　　　　　　　　　2:日本野鳥の会通信販売
3:日本野鳥の会バードショップ店頭　　4:日本野鳥の会の連携団体(支部)
5:その他(　　　　　　　　　　　　　　　　　　　　　　　　　)

●この図鑑と対応する「CD 声でわかる山野の鳥」を
1:すでに購入して持っている　　　　2:これから購入したい
3:購入する予定はない

●既刊の姉妹編ハンディ図鑑「新・水辺の鳥　改訂版」を
1:すでに購入して持っている　　　　2:これから購入したい
3:購入する予定はない

●この図鑑の定価は　　　　　　　1:安い　　　2:適当　　　3:高い
●この図鑑をお求めになって　　　1:満足　　　2:ふつう　　3:不満
●この図鑑の満足な点、不満な点を具体的にお聞かせください

●あなたが今いちばん欲しいバードウォッチング用品、書籍や野鳥グッズは何ですか?

ご住所	〒　　TEL　　(　　)
お名前	フリガナ	会員番号またはお客様番号(お持ちの方)
		e-mail

ご記入いただいた個人情報は、当会の規程に基づき管理いたします。今後、当会のオリジナル書籍やグッズを掲載したカタログやイベント情報等をお送りする場合がございます。お知らせが不要な方は、以下にチェックをお願いします。
□ 郵送物の案内不要　　　□ e-mailの案内不要

山林とその周辺の鳥 | スズメ大〜カラス大 キツツキのなかま

●**キツツキ目キツツキ科**：スズメ大からカラス大までの大きさで、ほとんどが林に留鳥としてすむ。幹に穴を掘って(×アリスイ)ねぐらや巣とするため太い木や古い木が必要。木の幹にとまり、尾で体を支える(×アリスイ)。鳥の足指は普通前向きに3本、後ろ向きに1本だが、このなかまは前2本、後ろ2本(＝カッコウ科。フクロウ科・ミサゴ科も一見同じだが、後向きの1本は横や前にも動く)。幹に穴を開け、長い舌で中の虫を食べる。繁殖期にはくちばしで木をたたいてコロロという連続音を出す(ドラミング)。波状飛行。群れをつくらない。沖縄島北部のやんばるの森には日本特産種のノグチゲラ(62P)がすむが、伐採などで絶滅が心配されている。

D C □**コゲラ**◆スズメ大で、ギーと戸がきしむような声。
太い木や古い木があれば、住宅地や公園でも見られる。ギーという声の後にキッキッキッと続けて鳴くこともある。シジュウカラ科の群れの後に1〜2羽でいることがある。雄は後頭部に小さな赤い斑があるが、見えないことが多い。日本では各地で見られるが、世界的にはアジアの一部のみ。

S □**アリスイ**◆薄い灰褐色に細かい模様。
東北北部や北海道の林の周辺や草地で繁殖し、秋冬は本州以南の林の周辺やヨシ原などに移動。スズメよりやや大きく、細長く見える。小鳥のように枝にとまる(×他のキツツキ科)。長い舌をのばしアリを好んで食べる。**S**：クイクイクイとするどい声で繰り返して鳴く。

□**コアカゲラ**◆北海道の北部や東部で見られる。
ほぼスズメ大、小声でキョッ、キョッと鳴く(×コゲラ)。

D C □**アカゲラ**◆ムクドリ大で、尻が赤い。
本州以北の林にすむ。本州中部以南では山地に多いが、北海道では低地の市街地近くでも見られ、特に冬には身近でも少なくない。黒い背に白いしま模様があり、左右の白い大きな斑が目立つ。幼鳥は雌も頭部に赤味がある(＝オオアカゲラ)。キョッ、キョッと鳴く(＝オオアカゲラ)。

D C □**オオアカゲラ**◆アカゲラより大きく、胸から腹にまだら模様。
奄美大島以北の山地の深い林。飛ぶと腰が白く、アカゲラのような左右の白い斑はない。奄美大島の亜種(オーストンオオアカゲラ)天(種)は色が濃い。

S C □**アオゲラ**◆屋久島から本州にすむ緑のキツツキ。
樹木が豊富な公園にいることもある。強い声でキョッ、キョッと鳴く他、ケラララと続けて大声を出す。**S**：ピョーという大声も出す。日本特産種。

S □**ヤマゲラ**◆日本では北海道で留鳥(ユーラシア大陸や台湾にも分布)。
アオゲラに似るが、腹にまだら模様がない(幼鳥にはある)。声もアオゲラに似るが、繁殖期はピョービョーと尻下がりに鳴く(**S**)。

D C □**クマゲラ**◆北海道と東北の一部にすむカラス大のキツツキ。
深い林にすむ。雌や幼鳥は後頭部のみ赤い。キョーン、キョーンとするどく大きな声で鳴く。飛びながらコロコロコロとも鳴く。天

ムクドリ

コゲラ
L15
16P参照

アリスイ
L17

山林とその周辺の鳥

㋕ コアカゲラ
L16

アカゲラ
L24

オオアカゲラ
L28

アオゲラ
L29

㋕ ヤマゲラ
L30

㋕ クマゲラ
L46

35

山林とその周辺の鳥 | ハト大
ハト、カッコウ、カケスのなかま

●**ハト目ハト科**：太めの体に小さな頭。やや細長いくちばしで、草の種子、木の実をついばむ。虫を餌に子育てする多くの小鳥と違い、植物質だけで子育ても行う。とがった翼で直線的に飛ぶ。足を交互に出して歩く。18P。

□**アオバト**◆美しい緑色で、尺八の音色のような声で鳴く。
九州以北の山地の林で繁殖するが、北日本のものは秋冬に暖地に移動。海岸に海水を飲みに来る習性がある。飛び方はキジバトよりカワラバトに似て、翼をのばしてひらひらした感じ（キジバトは翼を曲げ、ギクッギクッと硬い感じのはばたき）。**S**：アーオアオ、オーアなどと鳴く。

□**ズアカアオバト**◆南西諸島の林で留鳥。
台湾に分布する亜種は頭が赤いのでこの名がある。アオバトに似た声。先島諸島では小さなキンバト (大) 種 (ほぼムクドリ大) も留鳥。

□**カラスバト**◆主に南の島で留鳥。
関東以南の海岸沿いの深い常緑広葉樹林にすむが、少ない。伊豆諸島や南西諸島では少なくない。ウッウーッと牛のような太い声で鳴く。(大)

●**カッコウ目カッコウ科**：飛ぶと細長い翼で、尾も長め。大きな毛虫をよく食べる。日本で普通に見られる4種はいずれも巣をつくらず、他の鳥の巣に卵を産み、育てさせる（托卵）。雄の繁殖期の声はそれぞれ特徴的だが、雌はどれもピピピと続けて鳴く。赤茶色味を帯びた赤色型もある。

□**ホトトギス**◆キョッキョッキョキョキョキョというするどい声（**S**）。
屋久島以北の山地の林に飛来。北海道では南部のみで少ない。ヒヨドリほどの大きさ。腹のしま模様はカッコウより太く、少ない。主にウグイスに托卵する。飛びながらよく鳴き、夜も鳴く。雄の声は「テッペンカケタカ」「特許許可局」などと聞きなしされる。

□**ジュウイチ**◆ジウイッチーィというするどい声（**S**）。
九州以北の山地の林に飛来。他のカッコウ科より標高が高いところに多く、コルリ、オオルリなどに托卵する。ジウイッチーィと繰り返しながら、次第に早くなりジュビビビビで終わる。夜も鳴く。

□**ツツドリ**◆ポポ、ポポと筒をたたくような音質の声（**S**）。
九州以北の山地の林に飛来（北海道では低地にも）。主にセンダイムシクイに托卵する。

□**カッコウ**◆春遅くに飛来し、カッコウというのどかな声（**S**）。
九州以北の林やその周辺、草地に飛来。ノビタキ、モズ科、ホオジロ科、オナガなどに托卵する。腹のしま模様はツツドリより細く薄い。雄は体を横にして翼を下げ、尾を左右に振りながら鳴く（×ツツドリ）。

●**カラス科**：20P（身近）、44P（高山）、42P（草地）。

□**カケス**◆ジャーッとしわがれ声、ふわふわした飛び方。
屋久島以北の山地の林にすみ、秋冬は低地でも見られる。他の鳥の声もまねる（＝モズ科）。北海道の亜種（ミヤマカケス）は目や頭の色が違う。

□**ルリカケス**◆奄美諸島の林で留鳥
ジャーッとしわがれ声。日本特産種。(大)

キジバト
L33 W55
18P参照

山林とその周辺の鳥

アオバト
L33

南 ズアカアオバト
L35

南 カラスバト
L40

※ ホトトギス
L28

※ ジュウイチ
L32

(赤色型)

※ ツツドリ
L33

※ カッコウ
L35

(ミヤマカケス)

カケス
L33

南 ルリカケス
L38

37

山林とその周辺の鳥　│ハト大以上　シギ、キジ、サギのなかま

●**チドリ目シギ科**：長いくちばし。以下とオオジシギ(42P)以外は湿地に多く、水で紹介。

s □**ヤマシギ**◆**ハト大で、太った体に長いくちばし。**
伊豆諸島と本州中部以北の林の地上で繁殖し、積雪のない地域で越冬。地面にじっとしていて、足元から不意に飛び立つことがある。**S**：夕方から林の上を飛び回りながら、チキッ、チキッとするどい声で鳴き、その間にウーという低い声を出す。奄美諸島にはよく似たアマミヤマシギ 種 日本特産種が分布する。

●**キジ目キジ科**：地上にすみ、足を交互に出して歩く。走って逃げることが多くあまり飛ばないが、飛ぶ時は短い翼で、羽音をたてる。ひなは早成性(ふ化後すぐに巣を離れる。カモ科など地上営巣に多い)。ニワトリの原種セキショクヤケイもキジ科。ウズラは草地(42P)。

s □**エゾライチョウ**◆**ハト大で、日本では北海道で留鳥。**
深い林の地上にいるが、驚くと飛んで枝に移動する。飛ぶと尾の先が黒い。雌は雄より褐色味があり、のどは黒くない。**S**：ピーピピピピーと鳴く。狩猟鳥(水54P)に指定されているが、減少が心配される。

s □**キジ**◆**開けた環境を好み、カラス大で長い尾。**
屋久島以北の明るい林、草地、農耕地、河川敷などの地上にすむ。狩猟鳥に指定されており、人為的に放されることもある。北海道や対馬で見られる亜種(コウライキジ)は本来は大陸に分布するものが人為的に放されたもので外来種。雄はかかとの爪(後方に向いた足指の上)に、けづめと呼ばれる突起があり、雄同士がなわばりや雌をめぐって争う際に使われる(＝コジュケイ、ヤマドリ、ニワトリ)。**S**：ケッ、ケーッとするどい大声で鳴いてはばたく。日本の国鳥。

s □**ヤマドリ**◆**深い林を好み、雄はキジより長い尾、雌は赤味が強い。**
九州から本州。山地の斜面のある林にすみ、キジより見る機会は少ない。雌は尾の先に白点がある。南に分布する亜種ほど赤味が強く、九州南部の亜種(コシジロヤマドリ)は腰が白い。日本特産種。**S**：繁殖期に雄ははばたいてドドドという音を発するが、俗にほろを打つとよばれる。

●**ペリカン目サギ科**：以下の2種以外のサギ科・トキ科は湿地に多く、水で紹介。

s □**ミゾゴイ**◆**ほぼカラス大で、夕方から鳴く。**
九州から本州の暗い林に飛来するが、少ない。渓流やため池近くなどの湿った地上でサワガニ、ミミズ、貝や虫を食べる。**S**：夕方からウーッウーッと太い声で繰り返し鳴く。樹上に巣をつくり、人が近づいたりすると警戒して直立姿勢をとる。日本国内のみで繁殖する。近年は減少が心配されるようになった。

s □**ズグロミゾゴイ**◆**先島諸島の林で留鳥。**
暗い林に1羽でいることが多い。ミゾゴイに似るが黒い冠羽がある。飛ぶと初列風切の先が白い。習性や声はミゾゴイに似る。

38

ハト

ヤマシギ
L35

北 エゾライチョウ
L36

コジュケイ
L27
18P参照

(コウライキジ♂)

キジ
L♂80 ♀60

ウズラ
♂ 夏
L20
42P参照

ヤマドリ
L♂125 ♀52

南 ズグロミゾゴイ
L47

※ ミゾイ
L49

山林とその周辺の鳥

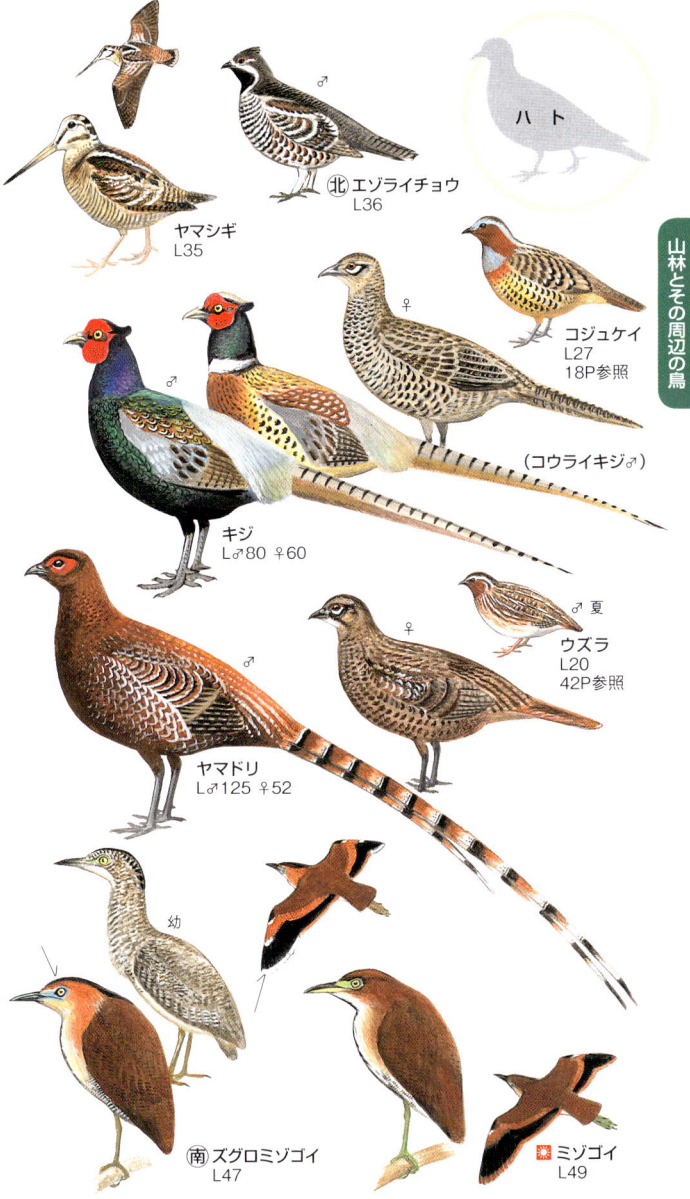

39

草地の鳥 | スズメ大
ヒバリ、ヨシキリ、ホオジロ、小型ツグミのなかま、ほか

●**ヒバリ科**:草丈の低い草地、農耕地、河川敷の地上にすむ。水浴びをせず、砂浴びをする。尾の両側が白い。

□**ヒバリ**◆足を交互に出して歩く。時々冠羽が立って見える。
九州以北にすむが、積雪のある地域では秋冬に暖地へ移動。飛び立つ時にビルッと鳴く。**S**:上空でピーチュルピーチュルなどと長く複雑に続ける。

●**セッカ科**:草の葉をクモの糸でぬい合わせて巣をつくる。

□**セッカ**◆スズメより小さく、飛びながらヒッ、ヒッ、ヒッと鳴く(**S**)。
本州以南のススキなどの草丈の高い草地にすむが、北日本のものは秋冬に暖地へ移動。尾はくさび型で、先が白い。チャッとかチーと鳴く。**S**:上昇しながら澄んだ声でヒッヒッ繰り返し、下降する時にチャッチャッと鳴く。

●**ヨシキリ科**:姿は似た種が多く、識別には声が重要(＝ウグイス科、ムシクイ科、センニュウ科)。水18P。

□**コヨシキリ**◆スズメより小さく、白い眉斑の上が黒い。
主に本州中部以北のヨシやススキなどの草地に飛来。ギュギュッなどにごった小声を出す。**S**:早口でカカチチリリキョキョチ…などと長く続ける。オオヨシキリ(水18P)に似て、高く細い。一日中、夜もさえずる。

●**センニュウ科**:26P。水18P

□**マキノセンニュウ**◆北海道の海岸に近い草地に飛来。
スズメより小さい。チッとかチリリッと鳴く。**S**:チリリリリ…と虫のような細い声で、長く続けて鳴く。特に夜に盛んに鳴く。

□**シマセンニュウ**◆北海道の草地、湿地に飛来。
伊豆諸島などの草地にはよく似たウチヤマセンニュウが飛来。**S**:チチッ、チョリチョリチョリなどと早口。さえずりながら飛び上がって下りることもある。

●**ホオジロ科**:16P。

□**シマアオジ**◆北海道の海岸に近い草地に飛来。
点々と灌木(かんぼく)がはえているような、やや湿った草地を好む。近年減少。チッと鳴く。**S**:澄んだ声でゆったりとヒーリョヒリョヒーリーリーと尻上がり。種

□**ホオアカ**◆ほおが赤茶色。
本州中部以北の草地、九州では山地の草地で繁殖する。秋冬は暖地に移動し、西日本に多い。雌は雄よりやや地味で、冬羽は灰色味がなくなる。チッと鳴く。**S**:ホオジロに似て、ややにごって詰まった感じ。コホオアカ(スズメより小さい)は、まれ。

●**ヒタキ科**:以下2種は小型ツグミ類とも呼ばれる。28P。

□**ノビタキ**◆目立つところにとまってヒッ、ジャッ、ジャッと鳴く。
北海道では低地、本州では山地の草地に飛来。秋は、冬羽で各地の河川敷や農耕地でも見られる。**S**:オオルリに似た美声。

□**ノゴマ**◆北海道の草地や低木林に飛来。
本州以南は春、秋に通過。**S**:複雑で長い。夜も鳴く。

その他、草地で見られる鳥　(湿った草地の鳥は水18P。)
一年中: スズメ、カワラヒワ、ホオジロ、コジュリン、ベニマシコ、アリスイ、モズ科、ムクドリ、キジバト、ハシボソガラス、キジ
春夏:ツバメ科、カッコウ　**秋冬**:マヒワ、ベニヒワ、カシラダカ、アオジ、アトリ、ニュウナイスズメ、ジョウビタキ、ハギマシコ、ツグミ、コミミズク

スズメ

ヒバリ
L17

セッカ
L12

コヨシキリ
L13

北 マキノセンニュウ
L12

草地の鳥

北 シマアオジ
L15 ♂夏 ♀

ホオアカ
L16 ♂夏

北 シマセンニュウ
L15

北 ノゴマ
L16 ♂ ♀

ノビタキ
L13 ♂夏 ♀夏 冬

41

| 草地の鳥 | ムクドリ大以上 キジ、シギ、カラスのなかま | 渓流の鳥 | スズメ大〜ハト大 カワセミ、セキレイのなかま、ほか |

●**キジ目キジ科**：38P。

S □**ウズラ**◆**スズメより大きく、ずんぐり太って見える。**
本州中部以北の草地の地上で繁殖し、積雪がある地域では秋冬に暖地へ移動するが、近年は減少。雌、冬羽はのどの茶色などが淡い。**S**：ジュッチュルルーとにごった声で鳴く。

●**チドリ目シギ科**：38P。

S C □**オオジシギ**◆**ムクドリより大きく、長いくちばし。**
本州では山地、東北から北海道では低地の草地に飛来。秋には本州以南の湿地で見られる。飛び立つ時にゲッと鳴く。**S**：飛び回りながらジビヤークと聞こえるしわがれ声を繰り返し、下降する際に尾を広げてザザ…という音を発する。日本近辺のみで繁殖。

●**カラス科**：20P。

C □**コクマルガラス**◆**ミヤマガラスに混じっていることが多く、ハト大。**
淡色型は少ない。キョン、キュなどとかわいい声。

C □**ミヤマガラス**◆**冬に農耕地で群れ、成鳥はくちばし基部が白っぽい。**
1980年代から日本海側を中心に飛来地が北に拡大し、近年は全国的になった。カラス科は上くちばしにある鼻孔(びこう)をおおう毛のような羽毛が特徴だが、本種は例外(成鳥になると鼻孔が見えるようになる)。声はハシボソガラスに似てやや細く、弱い。

●**カワガラス科**：もぐったり、川底を歩いたりして虫や小動物をとる。

S C □**カワガラス**◆**スズメより大きく、ビッとにごった声。**
屋久島以北の山地の谷川にすみ、低く直線的に飛ぶ。**S**：チーチージョイジョイなど。

S ●**ブッポウソウ目カワセミ科**：32P。

□**カワセミ**◆**スズメ大で、青い背、オレンジ色の腹**(水16P)。

C □**ヤマセミ**◆**ハト大で白黒模様。**
九州以北の山地の渓流にすみ、カワセミに似た習性。雌は首の茶色味がないが、飛ぶと翼の下に茶色の部分がある。キャラッなどと大きな声で鳴く。

●**セキレイ科**：開けた地上を足早に歩き、虫を食べる。長めの尾を上下に振る。波状飛行。飛翔中によく鳴き、識別に役立つ。建造物のすき間などに巣をつくる。16P、28P。

S C □**セグロセキレイ**◆**ジジッとにごった声。**
九州以北の石が多い開けた河原に多い。**S**：ジービチチロジージジなど、澄んだ声も交える。日本特産種。

S C □**キセキレイ**◆**黄色い腹。**
屋久島以北の川や池ぞいの地上にすみ、北日本では秋冬に南下するものもいる。チチン、チチンと鳴く。**S**：チチチチッと細くするどい声。

その他渓流ぞいで見られる鳥
一年中：イカルチドリ、イソシギ　　**春夏**：コチドリ、アカショウビン、ササゴイ、ミゾゴイ　その他の**サギ類**、川の中・下流の鳥は水参照

ウズラ
L20

♂夏 オオジシギ
L30

ハト

淡色型 暗色型
コクマルガラス
L33

幼
ミヤマガラス
L47

ミソサザイ
L10
28P参照

カワガラス
L22

スズメ

停飛 カワセミ
L17

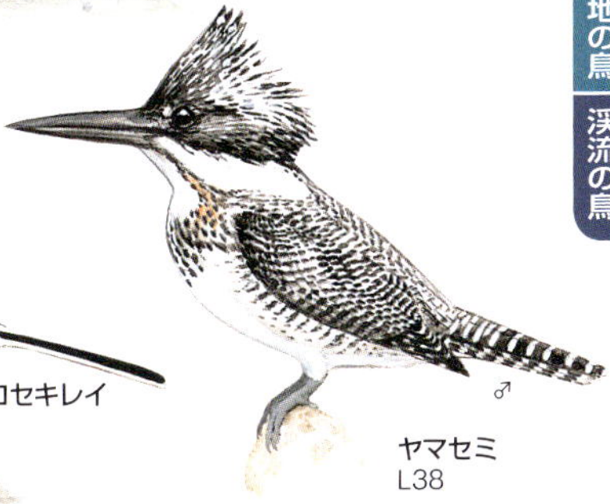

ヤマセミ♂
L38

セグロセキレイ
L21

草地の鳥　渓流の鳥

♂冬/♀
♂夏
キセキレイ
L20

♀冬
♂夏
ハクセキレイ
L21
16P参照

43

| 高山の鳥 | スズメ大〜ハト大 ムシクイ、ライチョウのなかま | 夜の鳥 | ムクドリ大〜カラス大 ヨタカ、フクロウのなかま |

●**ムシクイ科**:26P。4〜5月に市街地も通過するが、以下は遅い(5〜6月)。

[S] □**メボソムシクイ◆チョチョチョリとややにごった声を繰り返す(S)**。
九州から本州の高山の林に飛来。ジュジュッと鳴く(×エゾムシクイ、センダイムシクイ)。北海道東部に飛来するオオムシクイはジジロを繰り返してさえずり、ジジッと鳴く。

●**イワヒバリ科**:28P。

[S] □**イワヒバリ◆スズメよりやや大きく、地上の岩場にいることが多い**。
本州の高山で繁殖し、秋冬はより低い山地に移動。キュルキュルなどと鳴く。**S**:ヒョリヒョリチュリチュ、チュチュなど複雑な美声。

●**カラス科**:20P。

[C] □**ホシガラス◆ハト大で、ガーガーガーとしわがれ声で続けて鳴く**。
九州以北の高山で繁殖し、冬はやや低い山地に移動。

●**キジ目キジ科**:38P。ライチョウ類は寒い地域に多く、日本が分布の南限。

[S] □**ライチョウ◆ハトより大きく、ガァーなどにごった声**。
本州中部の高山にすむが、少ない。天種

―― その他春夏に亜高山帯以上で見られる鳥 ――
キクイタダキ、ミソサザイ、ヒガラ、コガラ、ゴジュウカラ、サメビタキ、ウソ、ルリビタキ、コマドリ、クロジ、カヤクグリ、ビンズイ、キセキレイ、ギンザンマシコ、アカハラ、アマツバメ、ハリオアマツバメ、ハシブトガラス、トビ、イヌワシ

●**ヨタカ目ヨタカ科**:ハト大で、飛ぶと翼が細長い。夜に飛びながら、飛んでいる虫をとる。地上の落ち葉の上で繁殖する。

[S] □**ヨタカ◆夕暮れから夜明けまで、キョキョキョキョと続けて鳴く**。
九州以北。明るい林や草地に飛来。雄は、飛ぶと翼や尾に白い斑が目立つ。

●**フクロウ目フクロウ科**:肉食。羽音をたてずに飛ぶ。頭の上に耳のような羽(実際の耳は目の下にある)があるものを、俗にミミズクと呼ぶ。

[S] □**コノハズク◆高い声でブッキョーとかブッキョーコーと鳴く**。
山地の暗い林に飛来(北海道では低地にも)。ムクドリより小さい。南西諸島以南の林ではリュウキュウコノハズクが留鳥で、コホッと鳴く。

□**オオコノハズク◆コノハズクより大きく、目に赤味**。
林にすみ、ウォなどの低い声やピャーウというネコのような声。

[S] □**アオバズク◆ハト大で、ホーホーと二声ずつ鳴く**。
広葉樹林や大きな木がある神社などに飛来。暖地では冬を越すものもいる。大型昆虫やコウモリ、小鳥などを捕る。

□**コミミズク◆ハトより大きく、開けた環境を好む**。
草地、河川敷、海岸、埋立地などに飛来し、ネズミなどを捕る。昼は草のしげみで寝ているが、飛ぶこともある。長い翼で深く、ゆっくりはばたく。

□**トラフズク◆コミミズクより耳のような羽が長く、目に赤味**。
本州以北の林で繁殖、秋冬は暖地に移動。ホォーウと低く繰り返し鳴く。

[S] □**フクロウ◆カラス大で、黒い目**。
九州以北の深い林。低い声でボボー、ゴロスケホーホーと鳴く。さらに大きなシマフクロウ天種は北海道で留鳥。

―― その他山野で夜に鳴く鳥 ――
林:エゾセンニュウ、トラツグミ、ホトトギス、ジュウイチ、ヤマシギ、ミゾゴイ
草地やヨシ原:コヨシキリ、オオヨシキリ、シマセンニュウ、ノゴマ、オオジシギ

メボソムシクイ L13

イワヒバリ L18

スズメ

♂夏　♀夏

ホシガラス L35

木 ライチョウ L37
♂冬

ハト

※ ヨタカ L29
♂

※ コノハズク L20

オオコノハズク L25

※ アオバズク L29

コミミズク L38

トラフズク L38

フクロウ L50

高山の鳥／夜の鳥

45

飛んでいる鳥 | ムクドリ大以下
ツバメ、アマツバメのなかま

●**ツバメ科**：16P。

□**ショウドウツバメ**◆**北海道の海岸、原野、河川、農耕地に飛来。**
開けた低地を好み、上手に穴を掘って集団で繁殖。名前は小洞ツバメの意味。上面は褐色だが、飛んでいると黒っぽく見える。春・秋には本州以南の海岸なども通過する。

□**リュウキュウツバメ**◆**日本では奄美大島以南に分布。**
市街地、農耕地、川の周辺を飛び交い、人家や橋などの建造物にツバメに似た巣をつくる。声はツバメに似るが、少しにごって聞こえることが多い。南西諸島ではほかのツバメのなかまは春・秋に通過するだけの旅鳥であることが多い。

□**イワツバメ**◆**ツバメより翼や尾が短く、腰が白い。**
九州以北の山地や市街地に飛来し、九州では越冬するものもいる。観光地のホテル、市街地のビル、橋の下などに巣をつくり、集団で繁殖する。ジュルルッ、チュビッなどとにごった声。**S**：飛びながら、にごった声を交えて、複雑に早口で長く続ける。

□**コシアカツバメ**◆**腰が赤褐色（遠くでは白っぽく見える）。**
九州以北の市街地に飛来し、関東以西に多い。九州では越冬するものもいる。ツバメより翼が太く、尾が長い。巣はとっくり型。ツバメに似た声で鳴く。**S**：ツバメよりにごった声でテンポが遅い感じがする。

●**アマツバメ目アマツバメ科**：飛んでいる虫を飛びながらとる点はスズメ目ツバメ科と同じだが、より高い上空を飛んでいることが多い。野外ではまず見えないが、指が4本とも前を向いている点がスズメ目と異なる。ほとんど地上に降りることはない。巣材集め、交尾、睡眠も飛びながら行うらしい。ツバメよりさらに細長い翼を、浅く早くはばたかせて速く飛ぶ。群れる。

□**ヒメアマツバメ**◆**イワツバメに似るが、腹が黒い。**
近年になって分布が北上。本州以南の太平洋側の市街地や河川の上空で、局地的だが冬も見られる。最近はさらに、内陸でも見られるようになってきた。市街地では高いビルに巣をつくることが多いが、イワツバメやコシアカツバメの巣を奪って利用することもある。チリリリィーなどと鳴く。

□**アマツバメ**◆**ツバメより大きく、細長く見える。**
山地や海岸の崖があるところに飛来し、崖のすき間で繁殖する。尾は開くと燕尾だが、閉じていると細長く見える。市街地でも春・秋には上空を通過する。チリリーあるいはジリリーとするどく鳴く。

□**ハリオアマツバメ**◆**アマツバメより大きく、太く、尾が短い。**
本州以北の山地（北海道では低地にも）に飛来し、大木の裂け目や樹洞で繁殖する。尾羽の軸が針のように突き出しているのが名前の由来だが、遠方からは見えない。春・秋は本州以南の低地上空も通過する。声はアマツバメよりにごった感じがする。

㊗ ※ ショウドウツバメ
L12 W28

ショウドウツバメの巣

スズメ

㊥ リュウキュウツバメ
L13 W30

※ ツバメ
L17 W32
16P参照

※ イワツバメ
L13 W30

イワツバメの巣

※ コシアカツバメ
L18 W33

コシアカツバメの巣

ヒメアマツバメ
L13 W32

※ アマツバメ
L19 W43

※ ハリオアマツバメ
L21 W50

飛んでいる鳥

47

飛んでいる鳥 | ハト大以上
ハヤブサ、タカのなかま

●ハヤブサ目ハヤブサ科：開けた環境を好み、飛ぶと翼の先は細くとがって見える。顔にひげのような模様がある。雌は雄より大きい（＝タカ科）

□コチョウゲンボウ◆チョウゲンボウに似て、尾が短く、眉斑がある。
海岸や農耕地に飛来するが、少ない。顔のひげ模様は他のハヤブサ科の鳥ほど目立たない。雌や若鳥はチョウゲンボウに似るが、赤味がなく、腹のまだら模様が大きい。飛び方はチョウゲンボウよりスピード感があり、飛びながら主に小鳥を捕る。

□チョウゲンボウ◆ハト大でスマート、長い尾。
本州の崖、ビルや橋のすき間で繁殖し、冬は雪の少ない地域の河川、草地、農耕地などで見られる。停飛をよく行い、急降下してネズミ、小鳥、虫などを捕らえる。繁殖期にはキーキーなどと鳴く。幼鳥は雌成鳥に似て、やや色が濃いものが多い。

□チゴハヤブサ◆ハト大で長い翼、チョウゲンボウより短い尾。
北日本の低地の林で繁殖し、冬は暖地に移動。素早く飛びながら小鳥やトンボを捕らえる。幼鳥は下腹部の赤味がない。繁殖期にはキーキーと鳴く。

□ハヤブサ◆カラス大で他のハヤブサ科より太く、がっしりした感じ。
九州以北の海岸の崖などで繁殖し、冬は暖地に移動するものもいる。湖沼や海岸の上空から急降下して、空中で水鳥などを捕らえる。市街地ではビル街で、よくカワラバトをねらう。幼鳥や若い鳥の背は褐色味があり、腹に縦のしま模様。繁殖期にはケーケーケーなどと鳴く。種

●タカ目タカ科：20P．以下の4種はハト大〜カラス大で、比較的短い翼、長めの尾が特徴。主に林の中で小鳥を追いかけて捕る。成鳥では上面が灰色で、白い腹や翼の下面に細かい横のしま模様があるものが多いが、幼鳥や若鳥では上面が褐色で、腹に縦のしま模様がある。ワシと呼ぶ大型種もいるが、分類上の意味はない。

□ツミ◆ハト大前後で、ハイタカほど眉斑が目立たない。
低地から低山の林で繁殖するが、比較的関東以西に多い。小さい雄ではヒドリほどの大きさ。雄は目が赤く、腹に薄く赤味がある。ピョーピョーピョピョピョと尻下がりに鳴く。

□アカハラダカ◆ハト大で、主に九州や南西諸島を秋に南下する。
ツミの雄に似た小型のタカで、下面のしま模様が少なく、特に翼の下面が白っぽいのが特徴。幼鳥や雌の目は黄色い。

□ハイタカ◆ハト大で、ツミより眉斑が目立つ。
本州中部以北の山地の林（北海道では低地でも）で繁殖し、秋冬は暖地や低地に移動。繁殖期にはキィキィキィとするどい声

□オオタカ◆ハイタカに似てカラス大。
本州以北の林で繁殖。繁殖期は山地に多いが、秋冬は低地でも全国的に見られる。雄は目が赤く見えるものもいる（＝ハチクマ）。小鳥からハト大の鳥や小動物を捕るが、冬は水辺で水鳥をねらうこともある。繁殖期にはキッキッキッなどと鳴く。

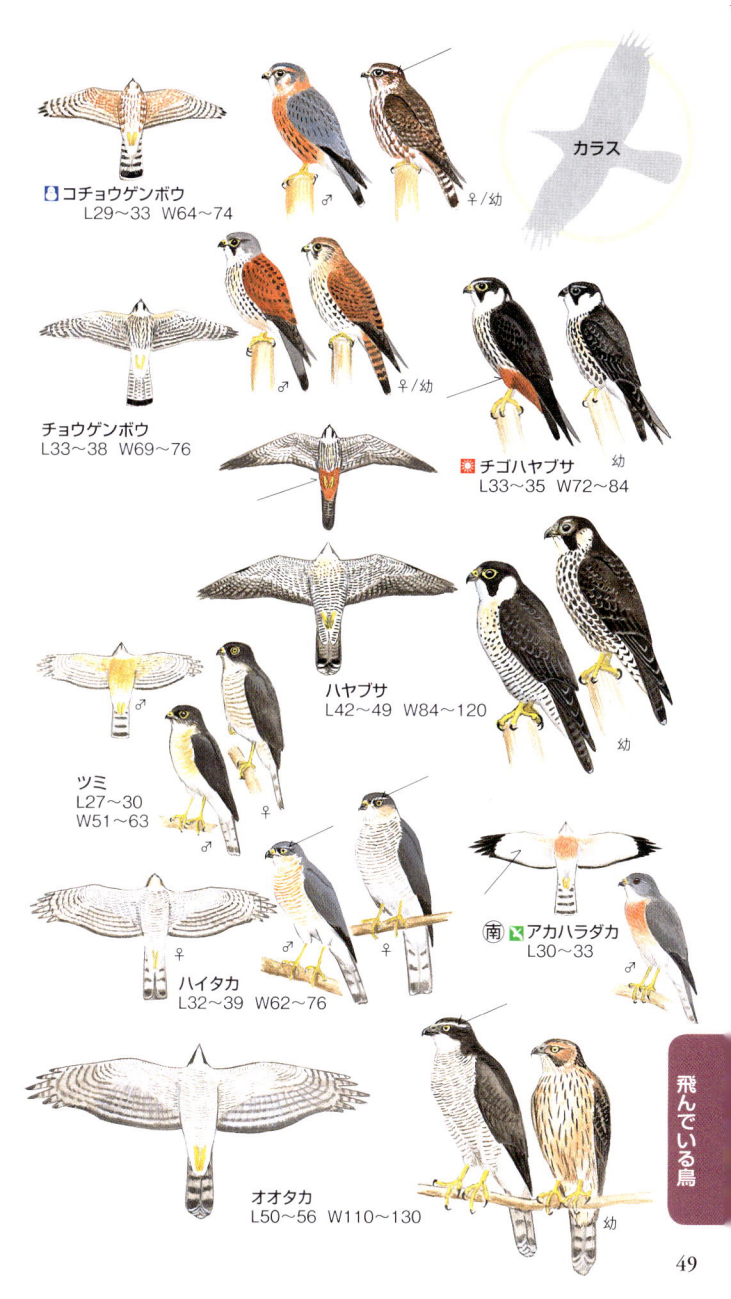

コチョウゲンボウ
L29〜33 W64〜74

チョウゲンボウ
L33〜38 W69〜76

チゴハヤブサ
L33〜35 W72〜84

カラス

ハヤブサ
L42〜49 W84〜120

ツミ
L27〜30
W51〜63

ハイタカ
L32〜39 W62〜76

アカハラダカ
L30〜33

オオタカ
L50〜56 W110〜130

飛んでいる鳥

c

□**サシバ**◆ハシボソガラス大で、オオタカより翼が細長い。
九州から本州に飛来するが、南西諸島では旅鳥や冬鳥。主に水田の周囲の林に巣をつくり、両生類やは虫類などを捕る。秋には各地の上空で、西や南に渡る個体や群れが見られる。ピックイーとよく鳴く。

□**ハチクマ**◆カラスより大きく、飛ぶと太くふくらみのある翼。
四国以北の低山の林で繁殖。飛翔中はトビよりも翼が太く見え、他のタカより首が細長く突き出した感じ。模様はさまざまなものがいる。停飛をする。地上に降りてジバチ類(地中に巣をつくるハチのなかま)の巣を掘り出して食べるほか、ヘビなども食べる。ピーエーと鳴くことがある。

c

□**ノスリ**◆カラス大で、トビより色が薄く、ずんぐりした感じ。
山地の林で繁殖する。秋冬は暖地や低地にも移動し、草地や農耕地、水辺などの開けた環境にいる。トビより短い丸尾。飛翔時、翼の下面と腹の下部に黒っぽく見える部分がある。停飛をし、急降下をしてネズミなどを捕る。主に繁殖期にピーエーなどと鳴く。

□**ケアシノスリ**◆ノスリより白っぽく、尾の先に黒い帯。
主に北日本の草地などの開けた環境に飛来するが、少ない。

s

□**カンムリワシ**◆八重山諸島以南で留鳥、トビより小さい。
林で繁殖するが、秋冬は農耕地でも見られる。㊊㊎

□**クマタカ**◆胴も翼も太く、がっしりした感じ。
九州以北の山地の林にすむが、少ない。体はトビよりも大きいが、翼は短い。ヤマドリなどの中〜大型の鳥などを捕らえる。㊎

c

□**イヌワシ**◆トビ以上に最も黒っぽく見える。
九州以北の山地で繁殖し、冬もあまり移動しない。少ない。トビより大きいが、警戒心が強く、遠方で小さく見えることが多い。若鳥では、翼と尾に白く見える部分がある。ウサギやヘビなどを捕らえる。㊊㊎

【タカやハヤブサの見つけ方】

● タカが接近すると、林では小鳥がチーッなどとするどい声を出して警戒する。水辺ではカモなどが一斉に逃げたりする(トビの場合はあまり警戒されない)。またカラスもよく騒ぐ。

【タカやハヤブサの見分け方】 20P

●環境
　水辺(㊌50P):チュウヒ類、ミサゴ、トビ、オジロワシ、オオワシほか
　　　　　　　冬にはハヤブサ科、ノスリ、オオタカ
●大きさと飛翔時の翼
　①ハト大で翼の先が ┬ とがっている=コチョウゲンボウ、チョウゲンボウ、
　　　　　　　　　　│　　　　　　　　チゴハヤブサ
　　　　　　　　　　└ とがっていない=ツミ、ハイタカ
　②カラス大で翼の先が ┬ とがっている=ハヤブサ
　　　　　　　　　　　└ とがっていない=サシバ、オオタカ、ノスリ
　③トビより大きく、翼が広い=オジロワシ、オオワシ
●翼の保ち方:滑空の際、翼の両端が上向きになる(逆ハの字形)=チュウヒ類、
　ノスリ、カンムリワシ、イヌワシ
●飛び方:停飛をする=チョウゲンボウ、ノスリ、ハチクマ、ミサゴ

サシバ
L47〜51
W103〜115

トビ

ハチクマ
L57〜61
W121〜135

♀

♂

ノスリ
L52〜57
W120〜140

ケアシノスリ
L56〜59
W124〜143

カンムリワシ
L55
W140

クマタカ
L72〜80
W140〜165

幼

若

イヌワシ
L81〜89
W170〜210

飛んでいる鳥

51

観察用具など

1.双眼鏡
①選び方
- 双眼鏡は対物レンズ口径の大きさで、20口径、30口径、40口径と3つに分類されます。20・30・40は、口径の大きさをmmで表したものです。20口径は、コンパクトなので持ち運びが便利です。40口径は、大きくなり重たくなるので持ち運びには不便ですが、広く明るい視界を楽しむことができます。
- 日本野鳥の会では、最初に手にとっていただく双眼鏡は30口径をお勧めしています。理由は、20口径と40口径の良い点をバランスよく持ち合わせているからです。
- 30口径の双眼鏡と言っても、価格はまちまちです。最初は数千円の安い双眼鏡からと思われる方が多いと思いますが、視野が狭く、野鳥の綺麗な色合いがきちんと見られない場合があります。せっかくバードウォッチングを楽しみたいと思われたのであれば、綺麗に見える双眼鏡をお勧めします。
- 日本野鳥の会では、性能と価格のバランスから、「ニコン モナークM7（8×30）」をおすすめしています。
- 日本野鳥の会 直営店「バードショップ（TEL03-5436-2624)」では、実際に双眼鏡を覗くことができます。双眼鏡を手に持った時の感覚も、双眼鏡選びには大切な事です。ぜひ実物を覗いてみてください。遠方の方には、お電話での説明や、通信販売を行っていますので、お気軽にお問合せください。
- 日本野鳥の会通信販売受付 TEL03-5436-2626（平日10:00～17:00）

②注意
- 落としたりぶつけたり、レンズに触れたり傷をつけないように、また、太陽を直接見ないようにしましょう。

③使い方
- ひもの調節：双眼鏡を首から下げて、胸の位置くらいにセットします。
- レンズ幅の調節：双眼鏡を覗きながら左右のレンズの幅を自分の目の幅に合わせます。

- 視度の調節：左右の視力が違う人のために、普通の機種では右の接眼レンズで調節するようになっています。
- 最初は自分の目で鳥をさがし、視線を鳥に向けたまま双眼鏡をあてがうようにするとよいでしょう。
- 練習：見える範囲が狭いので、小さいものや動きが速いものはなかなか視野に入りません。また、近いとピント合わせが大変です。対象物を視野に入れてピントを合わせる練習をしましょう。遠くから始めて、次第に近くの小さいものまでピントが合わせられるようになれば使いやすくなります。森の小鳥は難しいので、まず水辺の鳥や身近な鳥を観察するとよいでしょう。
- 飛んでいる鳥や、すぐ逃げてしまいそうな鳥など双眼鏡の視野に入れにくい鳥は、まず、肉眼で観察しておきましょう（環境や大きさなどのポイントを先にチェックしておくと見分けに役立ちます）。

2.望遠鏡

　双眼鏡より倍率が高い20〜60倍がよく使われ、遠くの鳥や、動きが少ない鳥を見る時に威力を発揮します。倍率が高いためブレやすくなるので、三脚を使う必要があります。

3.図鑑、ノート

　野外では本書のようなハンディ図鑑を使いましょう。写真集や大きな図鑑は下調べや復習に役立ちます。思い切って自分なりに書き込んで、自分だけの図鑑にするのも楽しいものです。

　ノートには特に決まりはありませんが、野外で使用するには小さめで、堅めのカバーが便利です。出会いの記録（いつ、どこで、どんな種、どんな場面に出会ったとか、感想、疑問など）、わからない鳥の特徴を書きとめたり、スケッチしておくと後で調べることができます。

レンジャーのいる観察施設（サンクチュアリ）

北海道
- ウトナイ湖サンクチュアリ（平日休）　*は各都市町村の運営する施設です。
  北海道苫小牧市植苗150-3　TEL0144-58-2505
- ウトナイ湖野生鳥獣保護センター（月休）
  北海道苫小牧市植苗156-26　TEL0144-58-2231
- 根室市春国岱原生野鳥公園（水休）*
  北海道根室市東梅103　TEL0153-25-3047
- 鶴居・伊藤タンチョウサンクチュアリ（火・水および4～9月休）
  北海道阿寒郡鶴居村字中雪裡南　TEL0154-64-2620

関東
- 東京港野鳥公園（月休）*
  東京都大田区東海3-1　TEL03-3799-5031
- 三宅島自然ふれあいセンター・アカコッコ館（月休）*
  東京都三宅島三宅村坪田4188　TEL04994-6-0410
- 横浜自然観察の森（月休）*
  神奈川県横浜市栄区上郷町1562-1　TEL045-894-7474

探鳥会にいってみましょう

日本野鳥の会の全国の連携団体（支部など）では、週末を中心に、探鳥会（バードウォッチングを楽しむ行事）を開催しています。探鳥会では、野鳥に詳しい案内役が解説しますので、はじめての方も気軽にバードウォッチングを楽しむことができます。くわしくは、下記へお問い合わせください。

集合:「三脚のついた望遠鏡」がその目印です。受付を済ませてスタートを待ちましょう。始まる前にリーダーに初心者であることを伝えておくと、観察のとき、丁寧に教えてくれます。

野鳥観察:リーダーの案内で自然の中をゆっくりと歩きながら野鳥を探していきます。
野鳥が出現するとリーダーが望遠鏡で野鳥の姿を捉えます。積極的に望遠鏡を覗かせてもらいましょう。

とりあわせ:「とりあわせ」とはその日どんな鳥を観察できたかを確認することです。見られた鳥をリーダーが解説します。

【参加者の感想】
40代女性:初めてで、ひとりで参加だったので不安でしたが、親切に教えていただき、とても楽しめました。見たかったカワセミが見られてすごく嬉しかったです。お友達もできますし、運動にもなるのが良いですね。

●日本野鳥の会ホームページ　探鳥会情報
https://www.wbsj.org/about-us/group/tanchokai/
●日本野鳥の会　普及室
TEL03-5436-2622／nature@wbsj.org

巣箱をつくってみよう

　スズメ、シジュウカラ、ムクドリなど、木の洞(ほら)に巣を作る鳥が利用します。利用されるポイントは繁殖期前(冬)に設置しておくこと。

[巣箱をつくる時の注意]
○板の厚さは1～1.5cm以上。
○底に水抜きの穴をあけておく。

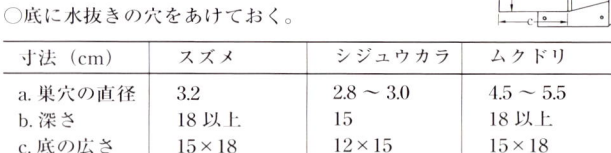

寸法（cm）	スズメ	シジュウカラ	ムクドリ
a. 巣穴の直径	3.2	2.8～3.0	4.5～5.5
b. 深さ	18以上	15	18以上
c. 底の広さ	15×18	12×15	15×18

＊寸法は目安ですが、巣穴は丸い穴でなくても上部にあれば利用されるようです。

●見通しがよい場所(やぶや枝があるとヘビが入ります)に上向きにならないよう(雨が入らないため)に設置します。揺れないようしっかり固定しましょう。シジュウカラは低い位置でも入りますが、ネコやカラスの被害、人のいたずらに注意が必要です。
●太い木の幹は理想的な場所ですが、木をいためないように、針金でなく麻ひもで設置するなどの配慮をしましょう。

鳥のくらしを探ってみましょう

1.鳥ごよみ

●以下のようなカレンダーを作って、どんな鳥が何月に見られたかを記録してみましょう。見られた月に○印をつけるだけでもよいのですが、多かった月は◎と記すなど、数や観察頻度(観察した日数の中で、その鳥を見られた回数が多い場合、頻度が高いといいます)でマークを工夫すると、季節による傾向が見えてきます。
●ツバメやウグイスなど季節によって移動する鳥に、初めて気づいた日付や、最後に見た日付もわかった範囲で記入しておきます。また、繁殖の記録と組み合わせたカレンダーができると、いつからさえずりはじめるのか、いつごろ巣立つのかなども次第にわかってきます。

月	1	2	3	4	5	6	7	8	9	10	11	12
スズメ	◎	○	○	○ 4/5 営巣	○ 5/5 巣立ち	○ 6/30 2度目の巣立ち	○	○	○	○	◎	◎
ムクドリ	◎	○	○	○	○	○	○	○	○	○	◎	◎
ツバメ				○ 4/2	○ 5/30 巣立ち		○ 7/30 2度目の巣立ち					
ウグイス	○	○	○ 3/2 さえずり								○ 11/16	

2.鳥の一日

　以下は鳥たちの毎日の行動の一例ですが、種ごとにこんな場面を見たというのをチェックしたり、これらにそって「なぜ」「どうして」「どのように」などを観察すると、彼らのくらしが見えてきます。

☐何かを食べるのを見ました…
　何でしたか？ どうやって食べましたか？
☐フンをするのを見ました…
　どのように？ どんなフンですか？(秋の小鳥のフンには種子が含まれていることが多い)

フンをする時、尾をあげるか？

☐水浴び、砂浴び(15P)を見ました…どのように？
☐羽づくろい(15P)を見ました…
　どのように？ どの羽から羽づくろいをしますか？
☐頭をかくのを見ました(15P)…
　どのように？
☐のび(水5P)をするのを見ました…
　どんな時に？どのように？
☐ねぐらに入るのを見ました…
　1羽でしたか？2羽でしたか？ 群れでしたか？ ねぐらはどんな条件ですか？

3.鳥の一年

　一年の中で繁殖期に、こんな場面が観察できるという例を示しました。ただし、巣の近くでの観察には十二分に気をつけてください(6P)。

☐さえずりを聞きました…
☐行動を共にしているペアらしい2羽を見ました…
☐2羽がペアであることがわかりました…
　(雌雄、愛情表現や交尾を確認しましょう。15P、21P。)
☐巣づくりを見ました…
　オスでしたか、メスでしたか、雌雄ともに巣づくりしていましたか？
　巣材は何でしたか？
☐餌を運ぶ親鳥を見ました…
　オスでしたか、メスでしたか、ペアでしたか？
☐巣からひなのフンを運び出す親鳥を見ました…
☐巣からひなの声が聞こえました…
☐巣立ったひなを見ました(21P)…
　親とどこが違いますか？親鳥にどうやって
　餌をねだりますか？

巣材は大きめ、固めから、次第に小さめ、柔らかめになる

57

*種名の後に学名をイタリック体で併記してあります。

●索引(さくいん) – 総合索引は「新・水辺の鳥 改訂版」に掲載

*水=「新・水辺の鳥 改訂版」の掲載ページ。

あ

アオゲラ　*Picus awokera*－34
アオジ
　Emberiza spodocephala－16
アオバズク　*Ninox scutulata*－44
アオバト　*Treron sieboldii*－36
アカゲラ　*Dendrocopos major*－34
アカコッコ　*Turdus celaenops*－32
アカショウビン　*Halcyon coromanda*－32
アカハラ　*Turdus chrysolaus*－18,33
アカハラダカ　*Accipiter soloensis*－48
アカヒゲ　*Luscinia komadori*－28
アカモズ　*Lanius cristatus*－30
アトリ　*Fringilla montifringilla*－24
アトリ科－14,24
アマツバメ　*Apus pacificus*－46
アマツバメ目アマツバメ科－46
アリスイ　*Jynx torquilla*－34

い

イイジマムシクイ
　Phylloscopus ijimae－26
イエスズメ　*Passer domesticus*－14
イカル　*Eophona personata*－24
イスカ　*Loxia curvirostra*－24
イソヒヨドリ
　Monticola solitarius－18,水16
イヌワシ　*Aquila chrysaetos*－50
イワツバメ　*Delichon dasypus*－46
イワヒバリ　*Prunella collaris*－44
イワヒバリ科－28,44

う

ウグイス
　Cettia diphone－16,27,水19
ウグイス科－16,26

ウズラ　*Coturnix japonica*－39,42
ウソ　*Pyrrhula pyrrhula*－24

え

エゾセンニュウ
　Locustella fasciolata－26
エゾビタキ
　Muscicapa griseisticta－26
エゾムシクイ
　Phylloscopus borealoides－26
エゾライチョウ　*Tetrastes bonasia*－38
エナガ　*Aegithalos caudatus*－22
エナガ科－22

お

オオアカゲラ
　Dendrocopos leucotos－34
オオコノハズク　*Otus lempiji*－44
オオジシギ
　Gallinago hardwickii－42,水36
オオタカ　*Accipiter gentilis*－48
オオマシコ　*Carpodacus roseus*－24
オオモズ　*Lanius excubitor*－30
オオルリ
　Cyanoptila cyanomelana－26
オナガ　*Cyanopica cyanus*－20

か

カケス　*Garrulus glandarius*－36
カササギ　*Pica pica*－20
カササギヒタキ科－26
カシラダカ　*Emberiza rustica*－22
カッコウ　*Cuculus canorus*－36
カッコウ目カッコウ科－36
カヤクグリ　*Prunella rubida*－28
カラスバト　*Columba janthina*－36
カラス科－20,36,42,44

カワガラス　Cinclus pallasii－42
カワガラス科－42
カワセミ　Alcedo atthis－42,水16
カワセミ科－32,42,水16
カワラバト(ドバト)Columba livia－18
カワラヒワ　Chloris sinica－14,25
カンムリワシ　Spilornis cheela－50

き

キクイタダキ　Regulus regulus－26
キクイタダキ科－26
キジ　Phasianus colchicus－38
キジバト
　Streptopelia orientalis－18,37
キジ目キジ科－18,38,42,44
キセキレイ
　Motacilla cinerea－42,水16
キツツキ目キツツキ科－16,34
キバシリ　Certhia familiaris－22
キバシリ科－22
キビタキ　Ficedula narcissina－26
キレンジャク
　Bombycilla garrulus－30

く

クマゲラ　Dryocopus martius－34
クマタカ　Nisaetus nipalensis－50
クロジ　Emberiza variabilis－22
クロツグミ　Turdus cardis－32

け

ケアシノスリ　Buteo lagopus－50

こ

コアカゲラ　Dendrocopos minor－34
コイカル　Eophona migratoria－24
コガラ　Poecile montanus－22
コクマルガラス　Corvus dauuricus－42
コゲラ　Dendrocopos kizuki－16,34
コサメビタキ
　Muscicapa dauurica－26
コシアカツバメ　Hirundo daurica－46
ゴジュウカラ　Sitta europaea－22
ゴジュウカラ科－22
コジュケイ
　Bambusicola thoracicus－18,39
コチョウゲンボウ
　Falco columbarius－48
コノハズク　Otus sunia－44
コマドリ　Luscinia akahige－28
コミミズク　Asio flammeus－44
コムクドリ　Agropsar philippensis－30
コヨシキリ
　Acrocephalus bistrigiceps－40,水18
コルリ　Luscinia cyane－28

さ

サイチョウ目ヤツガシラ科－32
サギ科－38,水40,42
サシバ　Butastur indicus－50
サンコウチョウ
　Terpsiphone atrocaudata－26
サンショウクイ
　Pericrocotus divaricatus－30
サンショウクイ科－30

し

シギ科－38,42,水34,36,38
シジュウカラ　Parus minor－14,23
シジュウカラ科－14,22
シマアオジ　Emberiza aureola－40
シマセンニュウ
　Locustella ochotensis－40,水18

59

シメ
　Coccothraustes coccothraustes－14,25
ジュウイチ
　Hierococcyx hyperythrus－36
ショウドウツバメ　*Riparia riparia*－46
ジョウビタキ
　Phoenicurus auroreus－16,29
シラコバト
　Streptopelia decaocto－20
シロガシラ
　Pycnonotus sinensis－30
シロハラ　*Turdus pallidus*－18,33

す

ズアカアオバト
　Treron formosae－36
ズグロミゾゴイ
　Gorsachius melanolophus－38
スズメ　*Passer montanus*－14
スズメ科－14,28
スズメ目－14

せ

セキレイ科－16,28,42,水16
セグロセキレイ
　Motacilla grandis－42,水16
セッカ　*Cisticola juncidis*－40,水18
セッカ科－40,水18
センニュウ科－26,40,水18
センダイムシクイ
　Phylloscopus coronatus－26

た

タカ目タカ科－20,48,水50

ち

チゴハヤブサ　*Falco subbuteo*－48
チゴモズ　*Lanius tigrinus*－30
チドリ目シギ科－38,42,水34,36,38
チョウゲンボウ
　Falco tinnunculus－48

つ

ツグミ　*Turdus naumanni*－18,33
ツツドリ　*Cuculus optatus*－36
ツバメ　*Hirundo rustica*－16,47
ツバメ科－16,46
ツミ　*Accipiter gularis*－48

と

ドバト（カワラバト）*Columba livia*－18
トビ
　Milvus migrans－20,水15,51
トラツグミ　*Zoothera dauma*－32
トラフズク　*Asio otus*－44

に

ニュウナイスズメ
　Passer rutilans－28

の

ノグチゲラ
　Sapheopipo noguchii－62
ノゴマ　*Luscinia calliope*－40
ノジコ　*Emberiza sulphurata*－22
ノスリ　*Buteo buteo*－50
ノビタキ　*Saxicola torquatus*－40

は

ハイタカ　Accipiter nisus－48
ハギマシコ　Leucosticte arctoa－24
ハクセキレイ
　Motacilla alba－16,43,水16
ハシブトガラ　Poecile palustris－22
ハシブトガラス
　Corvus macrorhynchos－20
ハシボソガラス
　Corvus corone－20
ハチクマ　Pernis ptilorhynchus－50
ハト目ハト科－18,20,36
ハヤブサ
　Falco peregrinus－48,水50
ハヤブサ目ハヤブサ科－48,水50
ハリオアマツバメ
　Hirundapus caudacutus－46

ひ

ヒガラ　Periparus ater－22
ヒタキ科－16,18,26,28,32,40,水16
ヒバリ　Alauda arvensis－40
ヒバリ科－40
ヒメアマツバメ　Apus nipalensis－46
ヒヨドリ
　Hypsipetes amaurotis－18,31
ヒヨドリ科－18,30
ヒレンジャク
　Bombycilla japonica－30
ビンズイ　Anthus hodgsoni－28

ふ

フクロウ　Strix uralensis－44
フクロウ目フクロウ科－44
ブッポウソウ
　Eurystomus orientalis－32
ブッポウソウ目カワセミ科－32,42,水16
ブッポウソウ目ブッポウソウ科－32

へ

ベニヒワ　Carduelis flammea－24
ベニマシコ　Uragus sibiricus－24
ペリカン目サギ科－38,水40,42

ほ

ホオアカ　Emberiza fucata－40
ホオジロ　Emberiza cioides－16,23
ホオジロ科－16,22,40,水18
ホシガラス
　Nucifraga caryocatactes－44
ホトトギス
　Cuculus poliocephalus－36

ま

マキノセンニュウ
　Locustella lanceolata－40
マヒワ　Carduelis spinus－24
マミジロ　Zoothera sibirica－32
マミチャジナイ　Turdus obscurus－32

み

ミゾゴイ　Gorsachius goisagi－38
ミソサザイ
　Troglodytes troglodytes－28,43
ミソサザイ科－28
ミヤマガラス　Corvus frugilegus－42
ミヤマホオジロ
　Emberiza elegans－22

む

ムギマキ　*Ficedula mugimaki*－26
ムクドリ
　　Spodiopsar cineraceus－18,31
ムクドリ科－18,30
ムシクイ科－26,44

め

メグロ　*Apalopteron familiare*－62
メジロ　*Zosterops japonicus*－16
メジロ科－16
メボソムシクイ
　　Phylloscopus xanthodryas－44

も

モズ　*Lanius bucephalus*－16,31
モズ科－16,30

や

ヤイロチョウ　*Pitta nympha*－30
ヤイロチョウ科－30
ヤツガシラ　*Upupa epops*－32
ヤツガシラ科－32
ヤブサメ
　　Urosphena squameiceps－26
ヤマガラ　*Poecile varius*－22
ヤマゲラ　*Picus canus*－34
ヤマシギ　*Scolopax rusticola*－38
ヤマセミ　*Megaceryle lugubris*－42
ヤマドリ
　　Syrmaticus soemmerringii－38
ヤンバルクイナ
　　Gallirallus okinawae－62

よ

ヨシキリ科－40,水18
ヨタカ　*Caprimulgus indicus*－44
ヨタカ目ヨタカ科－44

ら

ライチョウ　*Lagopus muta*－44

り

リュウキュウツバメ
　　Hirundo tahitica－46

る

ルリカケス　*Garrulus lidthi*－36
ルリビタキ　*Tarsiger cyanurus*－28

れ

レンジャク科－30

㊤ ノグチゲラ
L31
34P参照 ㊦ ㊥

㊤ メグロ
L14
小笠原の母島列島
に分布。㊦ ㊥

㊤ ヤンバルクイナ
L30
㊄ 44P ㊦ ㊥

分 類 表

●本書は、2012年に発行された『日本鳥類目録 改訂第7版』の分類に準拠しています。『同 改訂第6版』(2000年発行)の分類と比べて大幅に変更になりましたので、目や科の変更点を示しました。

■新設された目科　■変更のあった科　背景が薄緑　本書に掲載されている科

目名	科名	第6版との変更点
キジ	キジ	ライチョウ科が統合
カモ	カモ	
カイツブリ	カイツブリ	
ネッタイチョウ	ネッタイチョウ	ペリカン目ネッタイチョウ科から変更
サケイ	サケイ	ハト目サケイ科から変更
ハト	ハト	
アビ	アビ	
ミズナギドリ	アホウドリ	
	ミズナギドリ	
	ウミツバメ	
コウノトリ	コウノトリ	
カツオドリ	グンカンドリ	ペリカン目グンカンドリ科から変更
	カツオドリ	ペリカン目カツオドリ科から変更
	ウ	ペリカン目ウ科から変更
ペリカン	ペリカン	
	サギ	コウノトリ目サギ科から変更
	トキ	コウノトリ目トキ科から変更
ツル	ツル	
	クイナ	
ノガン	ノガン	ツル目ノガン科から変更
カッコウ	カッコウ	
ヨタカ	ヨタカ	
アマツバメ	アマツバメ	
チドリ	チドリ	
	ミヤコドリ	
	セイタカシギ	
	シギ	ヒレアシシギ科が統合
	レンカク	
	タマシギ	
	ミフウズラ	ツル目ミフウズラ科から変更
	ツバメチドリ	
	カモメ	
	トウゾクカモメ	
	ウミスズメ	
タカ	ミサゴ	タカ科ミサゴ属から変更
	タカ	
フクロウ	メンフクロウ	新たな掲載種の分類の変更
	フクロウ	
サイチョウ	ヤツガシラ	ブッポウソウ目ヤツガシラ科から変更

目名	科名	第6版との変更点
ブッポウソウ	カワセミ	
	ハチクイ	
	ブッポウソウ	
キツツキ	キツツキ	
ハヤブサ	ハヤブサ	タカ目ハヤブサ科から変更
スズメ	ヤイロチョウ	
	モリツバメ	
	サンショウクイ	
	コウライウグイス	
	オウチュウ	新たな種の掲載による新設
	カササギヒタキ	
	モズ	
	カラス	
	キクイタダキ	ウグイス科キクイタダキ属から変更
	ツリスガラ	
	シジュウカラ	
	ヒゲガラ	チメドリ科ヒゲガラ属から変更
	ヒバリ	
	ツバメ	
	ヒヨドリ	
	ウグイス	
	エナガ	
	ムシクイ	ウグイス科ムシクイ属から変更
	ズグロムシクイ	新たな種の掲載による新設
	メジロ	ミツスイ科メグロ属が統合
	センニュウ	ウグイス科センニュウ属から変更
	ヨシキリ	ウグイス科ヨシキリ属から変更
	セッカ	ウグイス科セッカ属から変更
	レンジャク	
	ゴジュウカラ	
	キバシリ	
	ミソサザイ	
	ムクドリ	
	カワガラス	
	ヒタキ	ツグミ科が統合
	イワヒバリ	
	スズメ	ハタオリドリ科スズメ属から変更
	セキレイ	
	アトリ	
	ツメナガホオジロ	ホオジロ科ユキホオジロ属から変更
	アメリカムシクイ	新たな種の掲載による新設
	ホオジロ	

※『日本鳥類目録 改訂第7版』の鳥類リストは、日本鳥学会のホームページに掲載されています。
http://ornithology.jp/katsudo/Publications/Checklist7.html